21世纪高职高专规划教材——公共基础课系列

高等应用数学（上册）

陈清火　主编

清华大学出版社
北京

内 容 简 介

本书是适用于高职高专学校学生学习的高等数学教材,共 6 章和 2 个附录,主要内容包括一元函数及其极限与连续、一元函数导数与微分、一元函数的导数微分应用、一元函数的不定积分与定积分、定积分的几何应用及微分方程.

本书注意概念的介绍,增强学生的实践能力,简化定理证明,降低公式推导难度,注重对各概念理解与使用.

本书所讲的内容简单易懂,可读性强,适合作为高职高专院校的高等数学教材.

图书在版编目(CIP)数据

高等应用数学. 上册/陈清火主编. —北京:清华大学出版社,2012.9
(21 世纪高职高专规划教材. 公共基础课系列)
ISBN 978-7-302-29701-7

Ⅰ. ①高… Ⅱ. ①陈… Ⅲ. ①应用数学—高等职业教育—教材 Ⅳ. ①O29

中国版本图书馆 CIP 数据核字(2012)第 188697 号

责任编辑:孟毅新
封面设计:傅瑞学
责任校对:刘 静
责任印制:王静怡

出版发行:清华大学出版社
  网   址:http://www.tup.com.cn, http://www.wqbook.com
  地   址:北京清华大学学研大厦 A 座   邮   编:100084
  社 总 机:010-62770175   邮   购:010-62786544
  投稿与读者服务:010-62776969, c-service@tup.tsinghua.edu.cn
  质量反馈:010-62772015, zhiliang@tup.tsinghua.edu.cn

印 装 者:北京密云胶印厂
经   销:全国新华书店
开   本:185mm×260mm   印   张:9.25   字   数:207 千字
版   次:2012 年 9 月第 1 版   印   次:2012 年 9 月第 1 次印刷
印   数:1～3000
定   价:22.00 元

产品编号:048795-01

前　　言

本书是适用于高职高专学校学生学习的高等数学教材,其主要特点是把微积分讲得简单易懂.

在多年的高职高专高等数学教学实践中,我们认为,高等数学教学的指导原则是:教学内容的适应度与高职高专各专业所需用的微积分知识基本要求相当,同时与目前高职高专的学生专升本入学考试大纲中的微积分内容相衔接,符合高职高专各类专业的学生对数学的要求,注意加强对学生的数学实践能力的培养.

在编写过程中,为了便于教师组织教学内容,学生容易理解接受,本书突出了如下几点:

(1) 保持经典微积分教材的优点与体系;

(2) 适当降低一些公式的推导,简化定理证明;

(3) 适当降低一元函数极限的理论要求;

(4) 降低不定积分的解题技巧;

(5) 加强定积分与微分方程概念的实际背景介绍,有利于学生提高实践能力.

本书由陈清火负责编写整理.在编写过程中,参考了许多各类高等数学教材.

由于编者水平有限,书中难免有不足之处,希望专家、同行及读者批评指出,不胜感谢.

编　者
2012 年 7 月

目　　录

第1章 函数与极限

1.1 函 数

1.1.1 函数的概念

定义 1-1-1 设 D 是一个给定的实数集合. 如果对于 D 中的每一个数 x, 按照某种确定的法则 f, 存在唯一的数 y 与之对应, 则称对应法则 f 是定义在数集 D 上的一个**函数**, D 称为函数的**定义域**.

对于每一个 $x \in D$, 对应的 y 称为函数 f 在 x 处的值, 简称**函数值**, 记作 $y = f(x)$. x 称为**自变量**, y 称为**因变量**.

如果 $x_0 \in D$, 则称函数 $f(x)$ 在 x_0 处有定义, 函数 $f(x)$ 在 x_0 处的函数值记作

$$y \mid_{x = x_0} \quad \text{或者} \quad f(x_0)$$

当 x 取遍 D 的各个数值时, 对应的函数值全体组成的数集 $W = \{y \mid y = f(x), x \in D\}$ 称为函数的**值域**.

在实际问题中, 函数的定义域是根据问题的实际意义确定的. 如圆的面积 A 与它的半径 r 之间有关系 $A = \pi r^2$, 它的定义域 $D = (0, \infty)$.

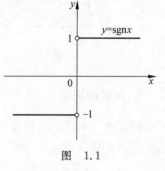

图 1.1

函数 $y = \operatorname{sgn} x = \begin{cases} 1 & x > 0 \\ 0 & x = 0 \\ -1 & x < 0 \end{cases}$ 称为**符号函数**, 它的定义域 $D = (-\infty, +\infty)$, 值域 $W = \{-1, 0, 1\}$. 它的图形如图 1.1 所示.

它表示了区间 $(-\infty, +\infty)$ 内不同的点 x 处, 函数值的取值不同, 而不是三个函数. 这种在定义域内不同的区间上用不同的解析式表示的函数, 称为**分段函数**.

1.1.2 函数的几种特性

1. 函数的奇偶性

设函数 $y = f(x)$ 的定义域 D 关于原点对称(即如果 $x \in D$, 则 $-x \in D$), 如果对于任意 $x \in D$, 恒有 $f(-x) = f(x)$, 则称 $f(x)$ 为**偶函数**; 如果对于任意 $x \in D$, 恒有 $f(-x) = -f(x)$, 则称 $f(x)$ 为**奇函数**. 在平面直角坐标系中, 偶函数的图形关于 y 轴对称, 如图 1.2 所示. 奇函数的图形关于原点对称, 如图 1.3 所示.

例如, $y = x^2$ 是偶函数, $y = x^3$ 是奇函数, $y = 2^x$ 是非奇非偶函数.

2. 函数的单调性

设函数 $y = f(x)$ 的定义域为 D, 区间 $I \subset D$. 如果对于区间 I 内的任意两点 x_1 及 x_2, 当

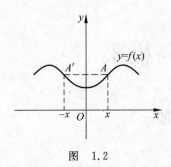
图　1.2

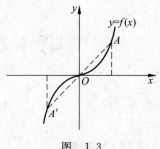
图　1.3

$x_1 < x_2$ 时,都有 $f(x_1) < f(x_2)$,则称函数 $y = f(x)$ 在 I 上**单调增加**,如图 1.4 所示;当 $x_1 < x_2$ 时,$f(x_1) > f(x_2)$,则称函数 $y = f(x)$ 在 I 上**单调减少**,如图 1.5 所示.单调增加和单调减少的函数统称为单调函数.例如,$y = x^2$ 在 $(-\infty, 0)$ 上单调减少,在 $(0, -\infty)$ 上单调增加,但 $y = x^2$ 在 $(-\infty, +\infty)$ 上不是单调函数.

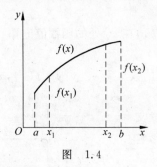
图　1.4

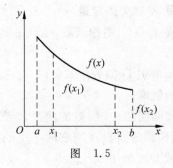
图　1.5

3. 函数的周期性

设函数 $y = f(x)$ 的定义域为 D.若存在一个常数 $T \neq 0$,使得对于任意 $x \in D$,必有 $x \pm T \in D$,并且使

$$f(x \pm T) = f(x)$$

成立,则称 $f(x)$ 为**周期函数**,其中 T 称为 $f(x)$ 的**周期**.周期函数的周期通常指它的最小正周期.

例如,$y = \sin x$,$y = \cos x$ 都是以 2π 为周期的周期函数.周期函数的图形可以由它在一个周期内的图形沿 x 轴向左、右两个方向平移后得到,如图 1.6 所示.

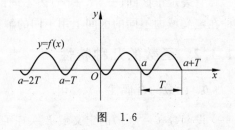
图　1.6

4. 函数的有界性

设函数 $f(x)$ 的定义域为 D,区间 $I \subset D$.如果存在一个正数 M,使对于任意 $x \in I$,都有 $|f(x)| \leqslant M$,则称函数 $f(x)$ 在 I 上有界,也称 $f(x)$ 是 I 上的**有界函数**;否则称函数 $f(x)$ 在 I 上无界,也称 $f(x)$ 是 I 上的**无界函数**.

例如,函数 $y = \arctan x$,对于任意 $x \in (-\infty, +\infty)$ 时,都有不等式 $|\arctan x| < \dfrac{\pi}{2}$ 成立,

所以, $y = \arctan x$ 是 $(-\infty, +\infty)$ 上的有界函数.

应注意,函数的有界性与 x 取值区间有关. 例如,函数 $y = \dfrac{1}{x}$ 在区间 $(0,1)$ 内是无界的,但它在区间 $(1, +\infty)$ 内却是有界的.

1.1.3 反函数与复合函数

1. 反函数

在自由落体运动方程中,距离 s 表示时间 t 的函数: $s = \dfrac{1}{2} g t^2$. 在时间的变化范围中任意确定一个时刻 t_0,由上述公式就可得到相应的距离 $s_0 = \dfrac{1}{2} g t_0^2$. 如果将问题反过来提,即已知下落的距离 s,求时间 t,则有 $t = \sqrt{\dfrac{2s}{g}}$. 这里,原来的因变量 s 成为自变量,原来的自变量 t 成了函数. 这样交换自变量和因变量的位置而得到的新函数 $t = \sqrt{\dfrac{2s}{g}}$,称为原有函数 $s = \dfrac{1}{2} g t^2$ 的反函数.

定义 1-1-2 设 $y = f(x)$ 是定义在 D 上的一个函数,值域为 W. 如果对于每一个 $y \in W$,有唯一确定的 $x \in D$,满足 $y = f(x)$,则称这个函数为 $y = f(x)$ 的**反函数**,记作 $x = \varphi(y)$,原来的函数 $y = f(x)$ 称为**直接函数**.

由反函数的定义可以看出,如果 $y = f(x)$ 有反函数 $x = \varphi(y)$,将其中的 y 改成 x,x 改成 y,则得到 $y = \varphi(x)$.

例 1-1-1 求 $y = \sqrt[3]{x+1}$ 的反函数.

解 由 $y = \sqrt[3]{x+1}$ 解得 $x = y^3 - 1$,再将式中的 x 改成 y,y 改成 x,即可得 $y = \sqrt[3]{x+1}$ 的反函数为 $y = x^3 - 1$. 如果将函数 $y = f(x)$ 和它的反函数 $y = \varphi(x)$ 的图形画在同一个平面上,那么这两个图形关于直线 $y = x$ 是对称的,如图 1.7 所示.

2. 复合函数

定义 1-1-3 设 $y = f(u)$,而 $u = \varphi(x)$,且函数 $\varphi(x)$ 的值域包含在函数 $f(u)$ 的定义域内,那么 y 通过 u 的联系也是自变量 x 的函数,称 y 为 x 的**复合函数**,记作 $y = f[\varphi(x)]$,其中 u 称为**中间变量**.

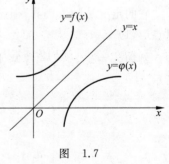

图 1.7

例如,由函数 $y = \sqrt{u}$,$u = x + 4$ 可以构成复合函数 $y = \sqrt{x+4}$. 为了使 u 的值域包含在 $y = \sqrt{u}$ 的定义域 $[0, +\infty)$ 内,必须有 $x \in [-4, +\infty)$,所以复合函数 $y = \sqrt{x+4}$ 的定义域应为 $[-4, +\infty)$. 又如,复合函数 $y = \dfrac{1}{x^2+1}$ 是由函数 $y = \dfrac{1}{u}$,$u = x^2 + 1$ 复合而成的;复合函数 $y = \log_3(\sin x)$ 是由函数 $y = \log_3 u$,$u = \sin x$ 复合而成的.

复合函数也可以由两个以上的函数经过复合构成. 例如,函数 $y = \arccos u$,$u = \sqrt{v}$,$v =$

x^2-3 可构成复合函数 $y=\arccos\sqrt{x^2-3}$,这里 u 和 v 都是中间变量.

例 1-1-2　指出下列函数是由哪些函数复合而成的.

(1) $y=(\cos x)^3$;

(2) $y=e^{-x}$;

(3) $y=\dfrac{1}{\arctan 3x}$.

解　(1) $y=(\cos x)^3$ 是由 $y=u^3$,$u=\cos x$ 复合而成的;

(2) $y=e^{-x}$ 是由 $y=e^u$,$u=-x$ 复合而成的;

(3) $y=\dfrac{1}{\arctan 3x}$ 是由 $y=\dfrac{1}{u}$,$u=\arctan v$,$v=3x$ 复合而成的.

1.1.4　初等函数

下列函数称为基本初等函数.

常数函数: $y=C$.

幂函数: $y=x^u$(u 为实数).

指数函数: $y=a^x$($a>0$,$a\neq 1$).

对数函数: $y=\log_a x$($a>0$,$a\neq 1$).

三角函数: $y=\sin x$,$y=\cos x$,$y=\tan x$,$y=\cot x$,$y=\sec x$,$y=\csc x$.

反三角函数: $y=\arcsin x$,$y=\arccos x$,$y=\arctan x$,$y=\operatorname{arccot} x$.

这些函数在中学已经学过,现扼要复习一下.

1. 常数函数 $y=C$

它的定义域是 $(-\infty,+\infty)$,图形为过点 $(0,c)$ 平行于 x 轴的直线,如图 1.8 所示.

2. 幂函数 $y=x^u$(u 为实数)

它的定义域随 u 而异,但不论 u 为何值,$y=x^u$ 在 $(0,+\infty)$ 内总有定义,而且图形都通过点 $(1,1)$.

例如,$y=x^2$,$y=x^{\frac{2}{3}}$ 等幂函数的定义域均为 $(-\infty,+\infty)$,图形对称于 y 轴,如图 1.9 所示.

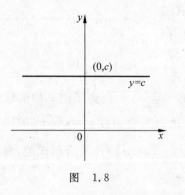

图　1.8

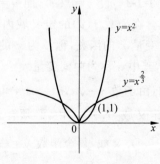

图　1.9

$y=x^3$，$y=x^{\frac{1}{3}}$ 的定义域均为 $(-\infty,+\infty)$，图形关于原点对称，如图 1.10 所示.

$y=x^{-1}$ 的定义域为 $(-\infty,0)\cup(0,+\infty)$，图形关于原点对称，如图 1.11 所示.

$y=x^{\frac{1}{2}}$ 的定义域为 $[0,+\infty)$，如图 1.12 所示.

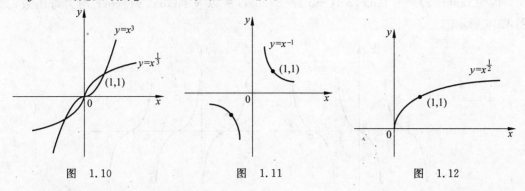

图 1.10　　　　　　图 1.11　　　　　　图 1.12

3. 指数函数 $y=a^x(a>0,a\neq1)$

它的定义域为 $(-\infty,+\infty)$，值域为 $(0,+\infty)$，都通过点 $(0,1)$. 当 $a>1$ 时，函数单调增加；当 $0<a<1$ 时，函数单调减少，如图 1.13 所示.

4. 对数函数 $y=\log_a x(a>0,a\neq1)$

它的定义域为 $(0,+\infty)$，值域为 $(0,+\infty)$，都通过点 $(1,0)$. 当 $a>1$ 时，函数单调增加；当 $0<a<1$ 时，函数单调减少，如图 1.14 所示. 对数函数与指数函数互为反函数.

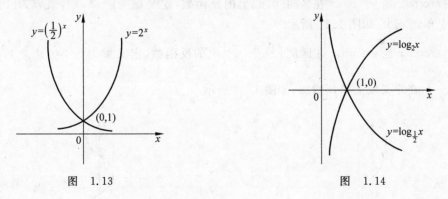

图 1.13　　　　　　　　　　图 1.14

5. 三角函数

$y=\sin x$ 与 $y=\cos x$ 的定义域为 $(-\infty,+\infty)$，均以 2π 为周期.

因为 $\sin(-x)=-\sin(x)$，$\cos(-x)=\cos(x)$，所以 $y=\sin x$ 为奇函数，$y=\cos x$ 为偶函数. 又因为 $|\sin x|\leqslant1$，$|\cos x|\leqslant1$，所以它们都是有界函数，如图 1.15 所示.

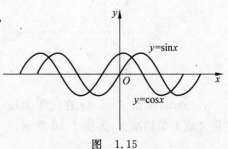

图 1.15

$y=\tan x$ 的定义域为 $x\neq\dfrac{\pi}{2}(k=0,\pm1,\cdots)$ 的实数；$y=\cot x$ 的定义域为 $x\neq(2k+1)k\pi$ $(k=0,\pm1,\pm2,\cdots)$ 的实数，均以 π 为周期．

因为 $\tan(-x)=-\tan x$，$\cot(-x)=-\cot x$，所以 $y=\tan x$，$y=\cot x$ 均为奇函数，如图 1.16 所示．

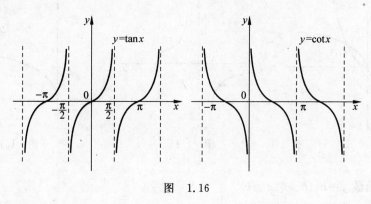

图　1.16

6. 反三角函数

$y=\arcsin x$ 是 $y=\sin x$ 在区间 $\left[-\dfrac{\pi}{2},\dfrac{\pi}{2}\right]$ 上的反函数，定义域为 $[-1,1]$，值域为 $\left[-\dfrac{\pi}{2},\dfrac{\pi}{2}\right]$，在定义域上单调增加，如图 1.17 所示．

$y=\arccos x$ 是 $y=\cos x$ 在区间 $[0,\pi]$ 上的反函数，定义域为 $[-1,1]$，值域为 $[0,\pi]$，在定义域上单调减少，如图 1.18 所示．

$y=\arctan x$ 是 $y=\tan x$ 在区间 $\left(-\dfrac{\pi}{2},\dfrac{\pi}{2}\right)$ 上的反函数，定义域为 $(-\infty,+\infty)$，值域为 $\left(-\dfrac{\pi}{2},\dfrac{\pi}{2}\right)$，在定义域上单调增加，如图 1.19 所示．

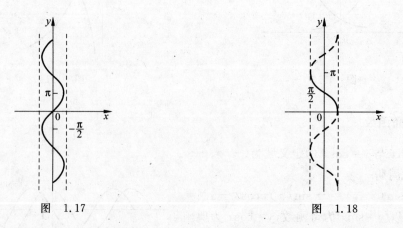

图　1.17　　　　　　　　　　　　　　　　图　1.18

$y=\text{arccot}\,x$ 是 $y=\cot x$ 在区间 $(0,\pi)$ 上的反函数，定义域为 $(-\infty,+\infty)$，值域为 $(0,\pi)$，在定义域上单调减少，如图 1.20 所示．

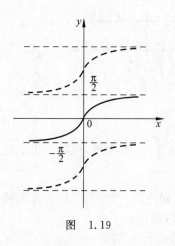
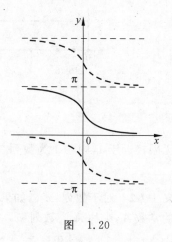

图 1.19   图 1.20

由基本初等函数经过有限次四则运算和有限次复合所构成,并能用一个解析式表示的函数称为**初等函数**.

例如,$y = x^2 + \sqrt{\sin x}$,$y = 3x\mathrm{e}^{\frac{1}{x}}$ 等都是初等函数,而分段函数

$$f(x) = \begin{cases} x + 3 & x \geqslant 0 \\ x^2 & x < 0 \end{cases}$$

不是初等函数,因为它在定义域内不能用一个解析式表示.

1.2 极 限

1.2.1 数列的极限

定义 1-2-1 **数列**是定义在正整数集 $\mathbf{N}^*$ 上的函数,记作 $x_n = f(n)(n = 1, 2, 3, \cdots)$. 由于全体正整数可以排成一列,因此,数列就是按顺序排列的一序列数:

$$x_1, x_2, x_3, \cdots, x_n, \cdots$$

可以简记作 $\{x_n\}$. 数列的每个数称为数列的**项**,其中 x_n 称为数列的**一般项**或**通项**.

下面考察当 n 无限增大时(记作 $n \to \infty$,符号"$\to$"读作"趋向于")数列 $\{x_n\}$ 的一般项 x_n 的变化趋势.

观察下面两个数列:

(1) $\dfrac{1}{2}, \dfrac{1}{4}, \dfrac{1}{8}, \dfrac{1}{16}, \cdots, \dfrac{1}{2^n}, \cdots$;

(2) $2, \dfrac{1}{2}, \dfrac{4}{3}, \dfrac{3}{4}, \cdots, \dfrac{n + (-1)^{n-1}}{n}, \cdots$.

为清楚起见,将上述两个数列的各项用数轴上对应的点 $x_1, x_2, x_3, \cdots, x_n, \cdots$ 表示,如图 1.21 所示.

从图 1.21 可知,当 n 无限增大时,数列 $\left\{\dfrac{1}{2^n}\right\}$ 在数轴上对应的点从原点的右侧无限接近于 0,则称 0 为数列 $\left\{\dfrac{1}{2^n}\right\}$ 当 $n \to \infty$ 时的极限;数列 $\left\{\dfrac{n + (-1)^{n-1}}{n}\right\}$ 在数轴上对应的点从 $x = 1$

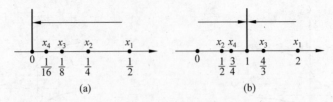

图   1.21

的两侧无限接近于 1,则称 1 为数列 $\left\{\dfrac{n+(-1)^{n-1}}{n}\right\}$ 的极限.一般来说,可以给出下面的描述性定义.

定义 1-2-2 对于数列 $\{x_n\}$,如果当 n 无限增大时,对应的一般项 x_n 的值无限接近于一个确定的常数 A,则称 A 为数列 $\{x_n\}$ 当 $n\to\infty$ 时的**极限**,记作

$$\lim_{n\to\infty}x_n = A \quad 或 \quad x_n \to A(当 n \to \infty 时)$$

此时,也称数列 $\{x_n\}$ 收敛于 A,并称 $\{x_n\}$ 为**收敛数列**.如果数列的极限不存在,则称它为**发散数列**.例如,数列 $\left\{\dfrac{1}{2^n}\right\}$ 是收敛数列.

例 1-2-1 观察下列数列的变化趋势,哪些数列收敛?哪些数列发散?如果收敛,写出数列的极限.

(1) $x_n=\dfrac{1}{3^n}$ $(n=1,2,3,\cdots)$;

(2) $x_n=2+(-1)^n$ $(n=1,2,3,\cdots)$.

解 (1) 将数列 $\left\{\dfrac{1}{3^n}\right\}$ 的各项列表,见表 1-1.

表   1-1

n	1	2	3	4	5	6	$\cdots$
$\left\{\dfrac{1}{3^n}\right\}$	0.3333	0.1111	0.0370	0.0123	0.0041	0.0014	$\cdots$

从表 1-1 中可以看出,数列 $\left\{\dfrac{1}{3^n}\right\}$ 是收敛数列,且 $\lim\limits_{n\to\infty}\dfrac{1}{3^n}=0$.

(2) 将数列 $\{2+(-1)^n\}$ 的各项列表,见表 1-2.

表   1-2

n	1	2	3	4	5	6	$\cdots$
$\{2+(-1)^n\}$	1	3	1	3	1	3	$\cdots$

从表 1-2 中可以看出,当 $n\to\infty$ 时,一般项 $2+(-1)^n$ 的值交替地取 1 和 3,所以不能无限接近于一个确定的常数,所以 $\lim\limits_{n\to\infty}\{2+(-1)^n\}$ 不存在,即数列为发散的.

1.2.2 函数的极限

1. $x\to\infty$ 时函数 $f(x)$ 的极限

如果 $x>0$ 且无限增大,则称 x 趋向于正无穷大,记作 $x\to+\infty$;如果 $x<0$ 且 $|x|$ 无限增

大,则称 x 趋向于负无穷大,记作 $x \to -\infty$. 如果对于 x,$|x|$ 无限增大,则称 x 趋向于无穷大,记作 $x \to \infty$. 显然,$x \to \infty$ 包含 $x \to -\infty$ 及 $x \to +\infty$ 这两种趋势.

下面考察函数 $f(x) = \dfrac{2x+3}{x}$ 的变化趋势. 由于 $f(x) = \dfrac{2x+3}{x} = 2 + \dfrac{3}{x}$,当 $x \to \infty$ 时,可以看出对应的函数值无限接近于常数 2,因此常数 2 为函数 $f(x) = \dfrac{2x+3}{x}$ 当 $x \to \infty$ 时的极限,记作 $\lim\limits_{x \to \infty} \dfrac{2x+3}{x} = 2$.

定义 1-2-3 如果当 $x \to \infty$ 时,对应的函数值 $f(x)$ 无限接近于一个确定的常数 A,则称 A 为函数 $f(x)$ 当 $x \to \infty$ 的极限,记作

$$\lim_{x \to \infty} f(x) = A \quad \text{或} \quad f(x) \to A \quad (\text{当 } x \to \infty \text{ 时})$$

定义 1-2-4 如果当 $x \to +\infty$ 时,对应的函数值 $f(x)$ 无限接近于一个确定的常数 A,则称常数 A 为函数 $f(x)$ 当 $x \to +\infty$ 时的极限,记作

$$\lim_{x \to +\infty} f(x) = A \quad \text{或} \quad f(x) \to A \quad (\text{当 } x \to +\infty \text{ 时})$$

如果当 $x \to -\infty$ 时,对应的函数值 $f(x)$ 无限接近于一个确定的常数 A,则称常数 A 为函数 $f(x)$ 当 $x \to -\infty$ 时的极限,记作

$$\lim_{x \to -\infty} f(x) = A \quad \text{或} \quad f(x) \to A \quad (\text{当 } x \to -\infty \text{ 时})$$

例如,由图 1.22 可以看出:$\lim\limits_{x \to +\infty} \arctan x = \dfrac{\pi}{2}$,$\lim\limits_{x \to -\infty} \arctan x = -\dfrac{\pi}{2}$.

显然,$\lim\limits_{x \to \infty} f(x) = A$ 的充要条件为 $\lim\limits_{x \to +\infty} f(x) = A$ 且 $\lim\limits_{x \to -\infty} f(x) = A$. 对于函数 $f(x) = \arctan x$,由于 $\lim\limits_{x \to +\infty} f(x) \neq \lim\limits_{x \to -\infty} f(x)$,所以 $\lim\limits_{x \to \infty} \arctan x$ 不存在.

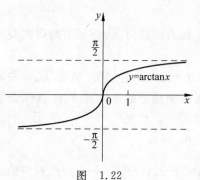

图 1.22

数列极限 $\lim\limits_{n \to \infty} f(n) = A$ 与函数极限 $\lim\limits_{x \to \infty} f(x) = A$ 有什么关系呢?由于在 $n \to \infty$ 的过程中,n 取正整数,而在 $x \to +\infty$ 的过程中包含 x 取正整数,因而 $n \to \infty$ 是 $x \to +\infty$ 的特殊情况,所以,数列极限 $\lim\limits_{n \to \infty} f(n) = A$ 是函数极限 $\lim\limits_{x \to +\infty} f(x) = A$ 的特殊情况. 即有下列定理.

定理 1-2-1 若 $\lim\limits_{x \to +\infty} f(x) = A$ 成立,则 $\lim\limits_{n \to \infty} f(n) = A$.

2. $x \to x_0$ 时函数 $f(x)$ 的极限

现在讨论当 x 趋向于 x_0(记作 $x \to x_0$,读作 x 趋向于 x_0)时函数 $f(x)$ 的变化趋势.

考察当 $x \to 1$ 时,函数 $f(x) = \dfrac{2x^2 - 2}{x - 1}$ 的变化趋势. 可以注意到当 $x \to 1$ 时,函数 $f(x) = \dfrac{2x^2 - 2}{x - 1} = 2(x + 1)$,所以当 $x \to 1$ 时,$f(x)$ 的值无限接近于常数 4,如图 1.23 所示. 称常数 4 为函数 $f(x) = \dfrac{2x^2 - 2}{x - 1}$ 当 $x \to 1$ 时的极限,记

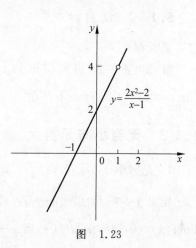

图 1.23

作 $\lim\limits_{x\to 1}\dfrac{2x^2-2}{x-1}=4$.

下面给出当 $x\to x_0$ 时,函数 $f(x)$ 的极限的一般定义.

定义 1-2-5　设函数 $f(x)$ 在点 x_0 的某个去心邻域内有定义,如果当 x 以任意方向趋向于 x_0,即当 $x\to x_0$ 时,对应的函数值 $f(x)$ 无限接近于一个确定的常数 A,则称 A 为函数当 $x\to x_0$ 时的极限,记作

$$\lim_{x\to x_0}f(x)=A \quad\text{或}\quad f(x)\to A \quad(\text{当 } x\to x_0 \text{ 时})$$

从上面的例子还可以看出,虽然 $f(x)=\dfrac{2x^2-2}{x-1}$ 在 $x=1$ 处没有定义,但是 $x\to 1$ 时函数 $f(x)$ 的极限确定是存在的,所以当 $x\to x_0$ 时函数 $f(x)$ 的极限与函数 $f(x)$ 在 $x=x_0$ 处是否有定义没有关系. 根据定义 1-8,容易得出下面的结论:

$$\lim_{x\to x_0}C=C \quad(C \text{ 为常数})$$

$$\lim_{x\to x_0}x=x_0$$

3. 左极限与右极限

在定义 1-8 中,$x\to x_0$ 是指 x 既从 x_0 的左侧也从 x_0 的右侧趋向 x_0. 但是有时仅需要考虑 x 从 x_0 的一侧趋向于 x_0 时函数的变化趋势.

定义 1-2-6　设函数 $f(x)$ 在 x_0 的某一个左侧区间 $(x_0-\sigma,x_0)$ 有定义. 当 x 从 x_0 左侧趋向于 x_0(记作 $x\to x_0^-$ 时),对应的函数值 $f(x)$ 无限接近一个确定的常数 A,则称 A 为函数 $f(x)$ 当 $x\to x_0$ 时的**左极限**,记作

$$\lim_{x\to x_0^-}f(x)=A \quad\text{或}\quad f(x_0-0)=A$$

若函数 $f(x)$ 在 x_0 的某一个右侧区间 $(x_0,x_0+\sigma)$ 趋向于 x_0(记作 $x\to x_0^+$ 时),对应的函数值 $f(x)$ 无限接近一个确定的常数 A,则称 A 为函数 $f(x)$ 当 $x\to x_0$ 时的右极限,记作

$$\lim_{x\to x_0^+}f(x)=A \quad\text{或}\quad f(x_0+0)=A$$

可以证明:$\lim\limits_{x\to x_0}f(x)=A$ 的充要条件是 $\lim\limits_{x\to x_0^-}f(x)=A$ 且 $\lim\limits_{x\to x_0^+}f(x)=A$.

例 1-2-2　设 $f(x)=\begin{cases}1 & x<0\\ x & x\geqslant 0\end{cases}$,讨论当 $x\to 0$ 时 $f(x)$ 的极限是否存在.

解　由图 1.24 可见,$\lim\limits_{x\to 0^-}f(x)=\lim\limits_{x\to 0^-}1=1$,$\lim\limits_{x\to 0^+}f(x)=\lim\limits_{x\to 0^+}1=0$,所以 $\lim\limits_{x\to 0}f(x)$ 不存在.

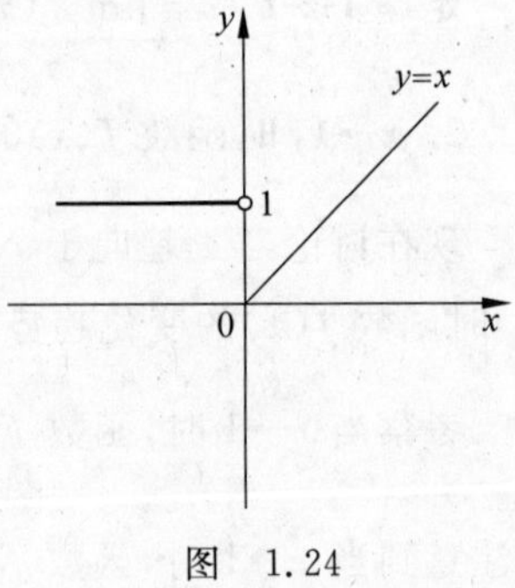

1.2.3　无穷小与无穷大

1. 无穷小

图　1.24

定义 1-2-7　如果当 $x\to x_0$(或 $x\to\infty$)时,函数 $f(x)$ 的极限为零,即 $\lim\limits_{x\to x_0}f(x)=0$ 或 $\lim\limits_{x\to\infty}f(x)=0$,则称函数 $f(x)$ 当 $x\to x_0$(或 $x\to\infty$)时为**无穷小**.

例如,因为 $\lim\limits_{x \to 1}(\sqrt{x}-1)=0$,所以函数 $f(x)=\sqrt{x}-1$ 当 $x \to 1$ 时为无穷小.

又如,因为 $\lim\limits_{x \to \infty}\dfrac{1}{x^2+1}=0$,所以函数 $f(x)=\dfrac{1}{x^2+1}$ 当 $x \to \infty$ 时为无穷小.

无穷小具有下面的性质.

性质 1 有限无穷小的代数和仍是无穷小.

性质 2 有界函数与无穷小的乘积仍是无穷小.

例 1-2-3 证明 $\lim\limits_{x \to \infty}\dfrac{\sin x}{x}=0$.

证 由于 $\lim\limits_{x \to \infty}\dfrac{1}{x}=0$,且 $|\sin x| \leqslant 1$($\sin x$ 为有界函数),根据无穷小的性质 2 有 $\lim\limits_{x \to \infty}\dfrac{\sin x}{x}=0$.证毕.

推论 1 常数与无穷小的乘积为无穷小.

推论 2 有限个无穷小的乘积为无穷小.

下面介绍无穷小与函数极限的关系.

定理 1-2-2 $\lim\limits_{\substack{x \to x_0 \\ (x \to \infty)}} f(x)=A$ 的充要条件是 $f(x)=A+\alpha(x)$,其中 $\alpha(x)$ 当 $x \to x_0$(或 $x \to \infty$)时为无穷小.

例如,前面已经讲过 $\lim\limits_{x \to \infty}\dfrac{2x+3}{x}=2$,而 $\dfrac{2x+3}{x}=2+\dfrac{3}{x}$,可以看出 $\alpha(x)=\dfrac{3}{x}$,且 $\dfrac{3}{x}$ 当 $x \to \infty$ 时为无穷小.

2. 无穷大

定义 1-2-8 如果当 $x \to x_0$(或 $x \to \infty$)时,$|f(x)|$ 无限增大,则称函数 $f(x)$ 当 $x \to x_0$(或 $x \to \infty$)时为无穷大,记作 $\lim\limits_{\substack{x \to x_0 \\ (x \to \infty)}} f(x)=\infty$.

例如,对于函数 $f(x)=\dfrac{1}{x-1}$,因为当 $x \to 1$ 时,$\left|\dfrac{1}{x-1}\right|=\dfrac{1}{|x-1|}$ 无限地增大,所以 $\lim\limits_{x \to 1}\dfrac{1}{x-1}=\infty$,如图 1.25 所示.

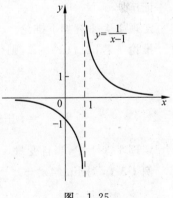

图 1.25

又如,$\lim\limits_{x \to +\infty} e^x=+\infty$,$\lim\limits_{x \to 0^+}\ln=-\infty$,则 $y=e^x$ 当 $x \to +\infty$ 时为无穷大,$y=\ln x$ 当 $x \to 0^+$ 时为无穷大.

在同一变化过程中,无穷小与无穷大之间有如下关系.

定理 1-2-3 如果 $\lim\limits_{\substack{x \to x_0 \\ (x \to \infty)}} f(x)=\infty$,则 $\lim\limits_{\substack{x \to x_0 \\ (x \to \infty)}}\dfrac{1}{f(x)}=0$;如果 $\lim\limits_{\substack{x \to x_0 \\ (x \to \infty)}} f(x)=0$,且 $f(x) \neq 0$,则 $\lim\limits_{\substack{x \to x_0 \\ (x \to \infty)}}\dfrac{1}{f(x)}=\infty$.

定理 1-2-3 表明,无穷小与无穷大互为倒数关系.例如,因为 $\lim\limits_{x \to 1}\dfrac{1}{x-1}=\infty$,所以 $\lim\limits_{x \to 1}(x-1)=0$.

1.3 极限的运算

1.3.1 极限的运算法则

定理 1-3-1 设 $\lim\limits_{x \to x_0} f(x) = A$，$\lim\limits_{x \to x_0} g(x) = B$，则

(1) $\lim\limits_{x \to x_0} [f(x) \pm g(x)] = \lim\limits_{x \to x_0} f(x) \pm \lim\limits_{x \to x_0} g(x) = A \pm B$；

(2) $\lim\limits_{x \to x_0} [f(x) \cdot g(x)] = \lim\limits_{x \to x_0} f(x) \cdot \lim\limits_{x \to x_0} g(x) = A \cdot B$；

(3) 当 $B \neq 0$ 时，有 $\lim\limits_{x \to x_0} \dfrac{f(x)}{g(x)} = \dfrac{\lim\limits_{x \to x_0} f(x)}{\lim\limits_{x \to x_0} g(x)} = \dfrac{A}{B}$.

证 仅对定理中的(2)加以证明.

因为 $\lim\limits_{x \to x_0} f(x) = A$，$\lim\limits_{x \to x_0} g(x) = B$，由 1.2 节的定理 1-2-2 可得

$$f(x) = A + \alpha(x), \quad g(x) = B + \beta(x)$$

其中
$$\lim\limits_{x \to x_0} \alpha(x) = 0, \quad \lim\limits_{x \to x_0} \beta(x) = 0$$

由于
$$\begin{aligned} f(x) \cdot g(x) &= [A + \alpha(x)] \cdot [B + \beta(x)] \\ &= A \cdot B + [A \cdot \beta(x) + B \cdot \alpha(x) + \alpha(x) \cdot \beta(x)] \end{aligned}$$

由无穷小的性质知
$$\lim\limits_{x \to x_0} [A \cdot \beta(x) + B \cdot \alpha(x) + \alpha(x) \cdot \beta(x)] = 0$$

再由无穷小与函数极限的关系，得
$$\lim\limits_{x \to x_0} [f(x) \cdot g(x)] = A \cdot B$$

证毕.

定理 1-3-1 有如下推论.

推论 若 $\lim\limits_{x \to x_0} f(x) = A$，则

$$\lim\limits_{x \to x_0} Cf(x) = C \lim\limits_{x \to x_0} f(x) = CA$$

$$\lim\limits_{x \to x_0} [f(x)]^n = \left[\lim\limits_{x \to x_0} f(x) \right]^n = A^n$$

定理 1-3-1 中，当自变量 x 以其他方式变化时，如 $x \to \infty$，$x \to x_0^+$ 等，其推论仍然成立.

例 1-3-1 求 $\lim\limits_{x \to 2} (4x^3 - x^2 + 3)$.

解 $\lim\limits_{x \to 2} (4x^3 - x^2 + 3) = \lim\limits_{x \to 2} 4x^3 - \lim\limits_{x \to 2} x^2 + \lim\limits_{x \to 2} 3 = 4 \lim\limits_{x \to 2} x^3 - \left(\lim\limits_{x \to 2} x \right)^2 + 3$

$$= 4 \times 2^3 - 2^2 + 3 = 31$$

一般地，设 n 次多项式为
$$P_n(x) = a_n x^n + a_{n-1} x^{n-1} + \cdots + a_1 x + a_0$$

则有
$$\lim\limits_{x \to x_0} P_n(x) = a_n x_0^n + a_{n-1} x_0^{n-1} + \cdots + a_1 x_0 + a_0$$

即
$$\lim_{x \to x_0} P_n(x) = P_n(x_0)$$

例 1-3-2　求 $\lim\limits_{x \to 2} \dfrac{2x+1}{x^2-3}$.

解　因为分母的极限不等于零,所以由定理 1-3-1(3)得

$$\lim_{x \to 2} \frac{2x+1}{x^2-3} = \frac{\lim\limits_{x \to 2}(2x+1)}{\lim\limits_{x \to 2}(x^2-3)} = \frac{5}{1} = 5$$

例 1-3-3　求 $\lim\limits_{x \to 3} \dfrac{x+4}{x^2-9}$.

解　因为分母的极限为零,所以不能用商的极限运算法则,但是 $\lim\limits_{x \to 3}(x+4) = 7 \neq 0$,因此

$$\lim_{x \to 3} \frac{x^2-9}{x+4} = \frac{\lim\limits_{x \to 2}(x^2-9)}{\lim\limits_{x \to 2}(x+4)} = \frac{0}{7} = 0$$

再由无穷小与无穷大的关系,得

$$\lim_{x \to 3} \frac{x+4}{x^2-9} = \infty$$

例 1-3-4　求 $\lim\limits_{x \to 2} \dfrac{x-2}{x^2-4}$.

解　当 $x \to 2$ 时,分子、分母的极限都是零,所以不能用商的极限运算法则. 由于 $x \to 2$ 时,$x \neq 2$,因为在分式中可以约去公因式 $(x-2)$,这样就可以用商的极限运算法则,得

$$\lim_{x \to 2} \frac{x-2}{x^2-4} = \lim_{x \to 2} \frac{x-2}{(x-2)(x+2)} = \lim_{x \to 2} \frac{1}{x+2} = \frac{1}{4}$$

例 1-3-5　求 $\lim\limits_{x \to \infty} \dfrac{3x^2+x+1}{2x^2-x+1}$.

解　当 $x \to \infty$ 时,其分子、分母均为无穷大,不能用商的极限运算法则,所以可以将分子、分母同除以 x^2,再求极限,得

$$\lim_{x \to \infty} \frac{3x^2+x+1}{2x^2-x+1} \lim_{x \to \infty} \frac{3+\dfrac{1}{x}+\dfrac{1}{x^2}}{2-\dfrac{1}{x}+\dfrac{1}{x^2}} = \frac{\lim\limits_{x \to \infty}\left(3+\dfrac{1}{x}+\dfrac{1}{x^2}\right)}{\lim\limits_{x \to \infty}\left(2-\dfrac{1}{x}+\dfrac{1}{x^2}\right)} = \frac{3}{2}$$

例 1-3-6　求 $\lim\limits_{x \to \infty} \dfrac{x+5}{x^2-9}$.

解　$\lim\limits_{x \to \infty} \dfrac{x+5}{x^2-9} = \lim\limits_{x \to \infty} \dfrac{\dfrac{1}{x}+\dfrac{5}{x^2}}{1-\dfrac{9}{x^2}} = 0$

例 1-3-7　求 $\lim\limits_{x \to \infty} \dfrac{x^2-9}{x+5}$.

解　由例 1-3-6,$\lim\limits_{x \to \infty} \dfrac{x+5}{x^2-9} = 0$,所以

$$\lim_{x \to \infty} \frac{x^2-9}{x+5} = \infty$$

一般地,设 $a_0 \neq 0, b_0 \neq 0, m, n$ 为正整数,则

$$\lim_{x\to\infty}\frac{a_0x^n+a_1{}^{n-1}+\cdots+a_b}{b_0x^m+b_1{}^{m-1}+\cdots+b_m}=\begin{cases}\dfrac{a_0}{b_0} & m=n\\[2mm] 0 & m>n\\[2mm] \infty & m<n\end{cases}$$

例 1-3-8　求 $\lim\limits_{x\to1}\left(\dfrac{1}{1-x}-\dfrac{3}{1-x^3}\right)$.

分析　当 $x\to1$ 时,式中的两项均为无穷大,所以不能用差的极限运算法则,但是可以先通分,再求极限.

解　$\lim\limits_{x\to1}\left(\dfrac{1}{1-x}-\dfrac{3}{1-x^3}\right)=\lim\limits_{x\to1}\dfrac{1+x+x^2-3}{1-x^3}=\lim\limits_{x\to1}\dfrac{(x-1)(x+2)}{(1-x)(1+x+x^2)}$

$$=\lim_{x\to1}\frac{-(x+2)}{(1+x+x^2)}=-1$$

例 1-3-9　求 $\lim\limits_{x\to\infty}\left(\dfrac{1}{n^2}+\dfrac{1}{n^2}+\cdots+\dfrac{n}{n^2}\right)$.

分析　因为有无穷多项,所以不能用和的极限运算法则,但可以经过变形再求出极限.

解　$\lim\limits_{x\to\infty}\left(\dfrac{1}{n^2}+\dfrac{1}{n^2}+\cdots+\dfrac{n}{n^2}\right)=\lim\limits_{x\to\infty}\dfrac{1+2+3+\cdots+n}{n^2}=\lim\limits_{x\to\infty}\dfrac{\frac{1}{2}n(n-1)}{n^2}=\dfrac{1}{2}$

由此可见,无穷多项无穷小的和未必是无穷小.

1.3.2　极限存在准则和两个重要极限

1. 极限存在准则

定理 1-3-2(夹逼性准则)　如果对于 x_0 的某一去心邻域内的一切 x,都有 $g(x)\leqslant f(x)\leqslant h(x)$,$\lim\limits_{x\to x_0}h(x)=A$,$\lim\limits_{x\to x_0}g(x)=A$,则 $\lim\limits_{x\to x_0}f(x)=A$.

**例 1-3-10　证明 $\lim\limits_{x\to0}\sin x=0$.

证　如图 1.26 所示,设 $\overset{\frown}{AB}$ 为圆心在 O 的单位圆的圆弧,$BD\perp OA$,$\angle AOB=x$(弧度)$\left(0<x<\dfrac{\pi}{2}\right)$.

因为 $|DB|=\sin x$,$|\overset{\frown}{AB}|=x$,由 $|DB|<|\overset{\frown}{AB}|$,得 $\sin x<x$,因为角在第一象限,所以

$$0<\sin x<x$$

又因为 $\lim\limits_{x\to0^+}=0$,$\lim\limits_{x\to0^+}x=0$,由夹逼准性则,得

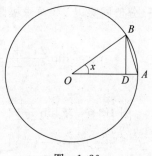

图　1.26

$$\lim_{x\to0^+}\sin x=0$$

令 $x=-t$,当 $x\to0^-$ 时,有 $t\to0^+$,从而

$$\lim_{x\to0^-}\sin x=\lim_{t\to0^+}\sin(-t)=-\lim_{t\to0^+}\sin t=0$$

于是左、右极限存在且相等,所以

$$\lim_{x\to0}\sin x=0$$

证毕.

例 1-3-11　证明$\lim\limits_{x \to 0}\cos x = 1$.

证　因为在$0 < x < \dfrac{\pi}{2}$时，$1 - \cos x = 2\sin^2 \dfrac{x}{2} < 2\left(\dfrac{x}{2}\right)^2 = \dfrac{x^2}{2}$，因此

$$0 < 1 - \cos x < \frac{x^2}{2}$$

又因为$\lim\limits_{x \to 0^+} 0 = 0$，$\lim\limits_{x \to 0^+} \dfrac{x^2}{2} = 0$，由夹逼准性则，得

$$\lim_{x \to 0^+}(1 - \cos x) = 0$$

故

$$\lim_{x \to 0^+}\cos x = 1$$

令$x = -t$，当$x \to 0^-$时，有$t \to 0^+$，从而有

$$\lim_{x \to 0^-}\cos x = \lim_{t \to 0^+}\cos(-t) = \lim_{t \to 0^+}\cos t = 1$$

所以

$$\lim_{x \to 0}\cos x = 1$$

证毕.

定义 1-3-1　对于数列$\{x_n\}$，如果存在正数 M，使得对于一切 x_n，都满足不等式

$$|x_n| \leqslant M$$

则称数列$\{x_n\}$是**有界的**；如果这样的正数 M 不存在，则称数列$\{x_n\}$是**无界的**.

定义 1-3-2　对于数列$\{x_n\}$，如果满足条件

$$x_1 \leqslant x_2 \leqslant \cdots \leqslant x_n \leqslant x_{n+1} \leqslant \cdots$$

则称数列$\{x_n\}$为**单调增加数列**；如果满足条件

$$x_1 \geqslant x_2 \geqslant \cdots \geqslant x_n \geqslant x_{n+1} \geqslant \cdots$$

则称数列$\{x_n\}$为**单调减少数列**. 单调增加数列和单调减少数列统称为**单调数列**.

定理 1-3-3（单调有界准则）　单调有界的数列必有极限.

2. 两个重要极限

（1）$\lim\limits_{x \to 0}\dfrac{\sin x}{x} = 1$（$x$ 取弧度单位）　　　　　　　　　　　　　　（1-1）

通过计算函数 $f(x) = \dfrac{\sin x}{x}$ 在原点附近的函数值，得表 1-3. 可以看出：当 $x \to 0$ 时，函数 $\dfrac{\sin x}{x}$ 的值无限趋近于常数 1. 下面给出公式（1-1）的证明.

表　1-3

x	± 0.5	± 0.1	± 0.01	± 0.001	± 0.0001	$\cdots$
$\dfrac{\sin x}{x}$	0.958851	0.998334	0.999983	0.999999	0.999999	$\cdots$

证　函数 $f(x) = \dfrac{\sin x}{x}$ 在一切 $x \neq 0$ 处都有定义. 作一个单位圆，如图 1.27 所示，设圆心角$\angle AOB = x$，假定$0 < x < \dfrac{\pi}{2}$，则$|BC| = \sin x$，$|AD| = \tan x$，$\overset{\frown}{AB} = x$.

因为　　　　　　　$S_{\triangle AOB} < S_{扇形 AOB} < S_{\triangle AOD}$

所以　　　　　　　$\dfrac{1}{2}\sin x < \dfrac{1}{2}x < \dfrac{1}{2}\tan x$

即　　　　　　　　$\sin x < x < \tan x$

分别除以 $\sin x$, 得　　　　$1 < \dfrac{x}{\sin x} < \dfrac{1}{\cos x}$

再取倒数, 得　　　　　　$\cos x < \dfrac{\sin x}{x} < 1$

因为当用 $-x$ 代替 x 时, $\cos x$ 与 $\dfrac{\sin x}{x}$ 都不变, 所以上述不

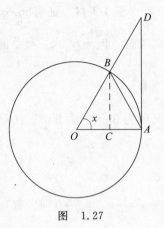

图　1.27

等式对于满足 $-\dfrac{\pi}{2} < x < 0$ 的一切 x 也是成立的.

由于 $\lim\limits_{x\to 0}\cos x = 1, \lim\limits_{x\to 0} = 1$, 根据夹逼性准则, 得

$$\lim_{x\to 0}\frac{\sin x}{x} = 1$$

一般地, 有 $\lim\limits_{x\to 0}f(x) = 0$, 故 $\lim\limits_{x\to 0}\dfrac{\sin f(x)}{f(x)} = 1$.

证毕.

例 1-3-12　求 $\lim\limits_{x\to 0}\dfrac{\sin 3x}{x}$.

解　设 $3x = t$, 则当 $x\to 0$ 时, 有 $t\to 0$, 于是

$$\lim_{x\to 0}\frac{\sin 3x}{x} = \lim_{x\to 0}3\cdot\frac{\sin 3x}{3x} = 3\lim_{x\to 0}\frac{\sin t}{t} = 3$$

例 1-3-13　求 $\lim\limits_{x\to 0}\dfrac{\tan x}{x}$.

解　$\lim\limits_{x\to 0}\dfrac{\tan x}{x} = \lim\limits_{x\to 0}\left(\dfrac{\sin x}{x}\cdot\dfrac{1}{\cos x}\right) = \lim\limits_{x\to 0}\dfrac{\sin x}{x}\cdot\lim\limits_{x\to 0}\dfrac{1}{\cos x} = 1$

例 1-3-14　求 $\lim\limits_{x\to 0}\dfrac{1-\cos x}{x^2}$.

解　$\lim\limits_{x\to 0}\dfrac{1-\cos x}{x^2} = \lim\limits_{x\to 0}\dfrac{2\sin^2\dfrac{x}{2}}{x^2} = \lim\limits_{x\to 0}\dfrac{1}{2}\dfrac{\sin^2\dfrac{x}{2}}{\left(\dfrac{x}{2}\right)^2} = \dfrac{1}{2}\lim\limits_{x\to 0}\left(\dfrac{\sin\dfrac{x}{2}}{\dfrac{x}{2}}\right)^2$

$$= \frac{1}{2}\left(\lim_{x\to 0}\frac{\sin\dfrac{x}{2}}{\dfrac{x}{2}}\right)^2 = \frac{1}{2}$$

例 1-3-15　求 $\lim\limits_{x\to\infty}n\sin\dfrac{\pi}{n}$.

解　当 $n\to\infty$ 时, 有 $\dfrac{\pi}{n}\to 0$, 因此

$$\lim_{x\to\infty}n\sin\frac{\pi}{n} = \lim_{x\to\infty}\pi\cdot\frac{\sin\dfrac{\pi}{n}}{\dfrac{\pi}{n}} = \pi\cdot 1 = \pi$$

(2) $\lim\limits_{x \to \infty}\left(1+\dfrac{1}{x}\right)^{x} = e$ 　　　　　　　　　　　　　　　　　　　(1-2)

当 $x \to \infty$ 时，函数 $f(x) = \left(1+\dfrac{1}{x}\right)^{x}$ 的值无限接近于一个确定的常数，把这个常数记作 e，即 $e \approx 2.71828\cdots$. 它是一个无理数. 这个常数 e 也就是自然对数 $\ln n$ 的底数.

例 1-3-16　求 $\lim\limits_{x \to \infty}\left(1+\dfrac{3}{x}\right)^{x}$.

解　$\lim\limits_{x \to \infty}\left(1+\dfrac{3}{x}\right)^{x} = \lim\limits_{x \to \infty}\left[\left(1+\dfrac{1}{\frac{x}{3}}\right)^{\frac{x}{3}}\right]^{3}$

令 $\dfrac{x}{3} = t$，则当 $x \to \infty$ 时，有 $r \to \infty$，所以

$$\lim\limits_{x \to \infty}\left(1+\dfrac{3}{x}\right)^{x} = \lim\limits_{x \to \infty}\left[\left(1+\dfrac{1}{t}\right)^{t}\right]^{3} = e^{3}$$

例 1-3-17　求 $\lim\limits_{x \to \infty}\left(1-\dfrac{1}{x}\right)^{4x+3}$.

解　令 $-x = t$，则当 $x \to \infty$ 时，有 $t \to \infty$，所以

$$\begin{aligned}
\lim\limits_{x \to \infty}\left(1-\dfrac{1}{x}\right)^{4x+3} &= \lim\limits_{t \to \infty}\left(1+\dfrac{1}{t}\right)^{-4t+3} \\
&= \lim\limits_{t \to \infty}\left(1+\dfrac{1}{t}\right)^{3} \cdot \lim\limits_{t \to \infty}\left[\left(1+\dfrac{1}{t}\right)^{t}\right]^{-4} \\
&= 1 \cdot e^{-4} = e^{-4}
\end{aligned}$$

例 1-3-18　证明 $\lim\limits_{x \to 0}(1+x)^{\frac{1}{x}} = e$. 　　　　　　　　　　　　(1-3)

证　令 $\dfrac{1}{x} = t$，当 $x \to 0$ 时，有 $t \to \infty$，所以

$$\lim\limits_{x \to 0}(1+x)^{\frac{1}{x}} = \lim\limits_{x \to \infty}\left(1+\dfrac{1}{t}\right)^{t} = e$$

证毕.

在重要极限 $\lim\limits_{x \to \infty}\left(1+\dfrac{1}{t}\right)^{x} = e$ 中，如果将 x 换成自然数 n，则等式仍然成立，即对自然数 n，有

$$\lim\limits_{x \to \infty}\left(1+\dfrac{1}{n}\right)^{n} = e$$

公式(1-2)、公式(1-3)可以推广为

$$\lim\limits_{u(x) \to \infty}\left(1+\dfrac{1}{u(x)}\right)^{u(x)} = e \qquad (1-4)$$

或

$$\lim\limits_{u(x) \to \infty}\left[1+u(x)\right]^{\frac{1}{u(x)}} = e \qquad (1-5)$$

其中，符号 $\lim\limits_{u(x) \to \infty}$ 应理解为当 $x \to x_{0}$（或 $x \to \infty$）时，$u(x) \to \infty$. 对于符号 $\lim\limits_{u(x) \to \infty}$ 也如此理解.

例如，在例 1-20 中，$t = \dfrac{x}{3}$，当 $x \to \infty$ 时，$t \to \infty$，可以直接用公式(1-4)，得

$$\lim_{x \to \infty} \left(1 + \frac{3}{x}\right)^x = \lim_{x \to \infty} \left[\left(1 + \frac{1}{\frac{x}{3}}\right)^{\frac{x}{3}}\right]^3 = e^3$$

1.3.3 无穷小的比较

由无穷小的性质可以知道,两个无穷小的和、差、积仍是无穷小,但是两个无穷小的商会出现不同的情况. 例如,当 $x \to 0$ 时,函数 $x^2, 2x, \sin x$ 都是无穷小,但是

$$\lim_{x \to 0} \frac{x^2}{2x} = \lim_{x \to 0} \frac{x}{2x} = 0$$

$$\lim_{x \to 0} \frac{2x}{x^2} = \lim_{x \to 0} \frac{2}{x} = \infty$$

$$\lim_{x \to 0} \frac{\sin x}{2x} = \frac{1}{2} \lim_{x \to 0} \frac{\sin x}{x} = \frac{1}{2}$$

这说明, $x^2 \to 0$ 比 $2x \to 0$ "快些";或者反过来说 $2x \to 0$ 比 $x^2 \to 0$ "慢些";而 $\sin x \to 0$ 与 $2x \to 0$ "快"、"慢"差不多. 由此可见,无穷小虽然都是以零为极限的变量,但是它们趋向于零的速度不一样. 为了反映无穷小趋向于零的"快"、"慢"程度,我们引进无穷小的阶的概念.

定义 1-3-3 设 $\lim_{x \to x_0} \alpha(x) = 0, \lim_{x \to x_0} \beta(x) = 0.$

如果 $\lim_{x \to x_0} \frac{\beta(x)}{\alpha(x)} = 0$,则称 $\beta(x)$ 是比 $\alpha(x)$ **高阶的无穷小**,记作 $\beta = o(\alpha)$;

如果 $\lim_{x \to x_0} \frac{\beta(x)}{\alpha(x)} = \infty$,则称 $\beta(x)$ 是比 $\alpha(x)$ **低阶的无穷小**;

如果 $\lim_{x \to x_0} \frac{\beta(x)}{\alpha(x)} = C \neq 0$,则称 $\beta(x)$ 是与 $\alpha(x)$ **同阶的无穷小**;特别地,当常数 $C = 1$ 时称 $\beta(x)$ 与 $\alpha(x)$ 为**等阶无穷小**,记作 $\beta(x) \sim \alpha(x)$.

例如,由 $\lim_{x \to 0} \frac{x^2}{2x} = 0$ 可得 $x^2 = o(2x), (x \to 0)$.

由 $\lim_{x \to 0} \frac{\sin x}{x} = 1$ 可得 $\sin x \sim x, (x \to 0)$.

因为 $\lim_{x \to 1} \frac{x-1}{x^2-1} = \lim_{x \to 1} \frac{1}{x+1} = \frac{1}{2}$,所以 $x-1$ 与 x^2-1 为 $x \to 1$ 时的同阶无穷小.

可以证明,当 $x \to 0$ 时,有下列各组等阶无穷小:

$$\sin x \sim x$$

$$\tan x \sim x$$

$$1 - \cos x \sim \frac{x^2}{2}$$

$$\arctan x \sim x$$

$$e^x - 1 \sim x$$

$$\ln(1+x) \sim x$$

等阶无穷小可以简化某些极限的计算,有下面的定理.

定理 1-3-4 设 $x \to x_0$ 时, $\alpha(x) \sim \alpha^*(x), \beta(x) \sim \beta^*(x)$,且 $\lim_{x \to x_0} \frac{\beta^*(x)}{\alpha^*(x)}$ 存在,则

$$\lim_{x \to x_0} \frac{\beta(x)}{\alpha(x)} = \lim_{x \to x_0} \frac{\beta^*(x)}{\alpha^*(x)}$$

证　$\displaystyle\lim_{x \to x_0} \frac{\beta(x)}{\alpha(x)} = \lim_{x \to x_0} \left(\frac{\beta}{\beta^*} \cdot \frac{\beta^*}{\alpha^*} \cdot \frac{\alpha^*}{\alpha} \right) = \lim_{x \to x_0} \frac{\beta}{\beta^*} \cdot \lim_{x \to x_0} \frac{\beta^*}{\alpha^*} \cdot \lim_{x \to x_0} \frac{\alpha^*}{\alpha} = \lim_{x \to x_0} \frac{\beta^*}{\alpha^*}$. 证毕.

在定义 1-3-3 及定理 1-3-4 中, 当 x 以其他方式变化时, 如 $x \to \infty, x \to 0^+$ 等, 相应的结论仍然成立.

例 1-3-19　求 $\displaystyle\lim_{x \to 0} \frac{\sin 3x}{\tan 2x}$.

解　当 $x \to 0$ 时, $\sin 3x \sim 3x, \tan 2x \sim 2x$, 因此

$$\lim_{x \to 0} \frac{\sin 3x}{\tan x} = \lim_{x \to 0} \frac{3x}{2x} = \frac{3}{2}$$

例 1-3-20　求 $\displaystyle\lim_{x \to 0} \frac{\tan x - \sin x}{x^3}$.

解　常见的错误解法如下:

$$\lim_{x \to 0} \frac{\tan x - \sin x}{x^3} = \lim_{x \to 0} \frac{x - x}{x^3} = \lim_{x \to 0} \frac{0}{x^3} = 0$$

正确的解法如下:

$$\lim_{x \to 0} \frac{\tan x - \sin x}{x^3} = \lim_{x \to 0} \frac{\sin x (1 - \cos x)}{x^3 \cos x} = \lim_{x \to 0} \frac{x \cdot \frac{1}{2} x^2}{x^3 \cos x} = \lim_{x \to 0} \frac{1}{2 \cos x} = \frac{1}{2}$$

1.4　函数的连续性与间断点

1.4.1　函数的连续性

自然界中许多变量都是连续变化的, 如气温的变化、作物的生长、放射性物质存量的减少等. 其特点是当时间的变化很微小时, 这些量的变化也很小, 反映在数学上就是函数的连续性.

设函数 $y = f(x)$ 在点 x_0 的某个邻域内有定义, 当自变量从 x_0 变到 x, 相应的函数值从 $f(x_0)$ 变到 $f(x)$, 则称 $x - x_0$ 为自变量的**改变量**(或称**增量**), 记作 Δx, 它可正可负. 称 $f(x) - f(x_0)$ 为函数的改变量, 记作 Δy, 即

$$\Delta y = f(x) - f(x_0) \quad 或 \quad \Delta y = f(x_0 + \Delta x) - f(x_0)$$

在几何上, 函数的改变量表示当自变量从 x_0 变到 $x_0 + \Delta x$ 时, 函数上相应点的纵坐标的改变量, 如图 1.28 所示.

例 1-4-1　求函数 $y = x^2$ 当 $x_0 = 1, \Delta x = 0.1$ 时的改变量.

解　$\Delta y = f(x_0 + \Delta x) - f(x_0)$
　　　$= f(1 + 0.1) - f(1)$
　　　$= f(1.1) - f(1)$
　　　$= 1.1^2 - 1^2 = 0.21$

1. 函数在点 x_0 的连续性

定义 1-4-1　设函数 $f(x)$ 在点 x_0 的某个邻域内有定

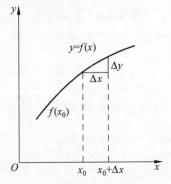

图　1.28

义,如果

$$\lim_{x \to 0} \Delta y = \lim_{x \to 0} [f(x_0 + \Delta x) - f(x_0)] = 0 \qquad (1\text{-}6)$$

则称函数 $y = f(x)$ 在点 x_0 处**连续**, x_0 称为 $f(x)$ 的**连续点**.

在上述定义中,设 $x_0 + \Delta x = x$,当 $\Delta x \to 0$ 时,有 $x \to x_0$,而

$$\Delta y = f(x_0 + \Delta x) - f(x_0) = f(x) - f(x_0)$$

因此式(1-6)也可以写作

$$\lim_{\Delta x \to 0} \Delta y = \lim_{x \to x_0} [f(x) - f(x_0)] = 0$$

即

$$\lim_{x \to x_0} f(x) = f(x_0)$$

所以,函数 $y = f(x)$ 在点 x_0 处连续定义又可以叙述为定义 1-4-2.

定义 1-4-2 设函数 $f(x_0)$ 在点 x_0 的某个邻域内有定义,如果有

$$\lim_{x \to x_0} f(x) = f(x_0)$$

即称函数 $y = f(x)$ 在点 x_0 处连续.

例 1-4-2 证明函数 $f(x) = x^3 + 1$ 在 $x_0 = 2$ 处连续.

证 因为 $\lim\limits_{x \to 2} f(x) = \lim\limits_{x \to 2} (x^3 + 1) = 9 = f(2)$,所以 $f(x) = x^3 + 1$ 在 $x = 2$ 处连续. 证毕.

有时需要考虑函数在某点 x_0 一侧的连续性,由此引进左、右连续的概念. 如果 $\lim\limits_{x \to x_0^+} f(x) = f(x_0)$,则称函数 $f(x)$ 在点 x_0 处右连续;如果 $\lim\limits_{x \to x_0^-} f(x) = f(x_0)$,则称函数 $f(x)$ 在点 x_0 处左连续.

显然,函数 $y = f(x)$ 在点 x_0 处连续的充要条件是:函数 $f(x)$ 在点 x_0 处左连续且右连续.

2. 函数在区间上的连续性

如果函数 $f(x)$ 在开区间 (a,b) 内每一点都连续,则称 $f(x)$ 在区间 (a,b) 内连续. 如果 $f(x)$ 在区间 (a,b) 内连续,且在 $x=a$ 处右连续,又在 $x=b$ 处左连续,则称函数 $f(x)$ 在闭区间 $[a,b]$ 内连续. 函数 $y = f(x)$ 的全体连续点构成的区间称为函数的连续区间. 在连续区间内,连续函数的图形是一条连绵不断的曲线.

**例 1-4-3 证明函数 $y = \sin x$ 在定义域 $(-\infty, +\infty)$ 内是连续函数.

证 对于任意 $x \in (-\infty, +\infty)$,有

$$\Delta y = \sin(x + \Delta x) - \sin x = 2\sin\frac{\Delta x}{2}\cos\left(x + \frac{\Delta x}{2}\right)$$

当 $\Delta x \to 0$ 时,有 $\sin\dfrac{\Delta x}{2} \to 0$,且 $\left|\cos\left(x + \dfrac{\Delta x}{2}\right)\right| \leqslant 1$,根据无穷小与有界函数的乘积仍为无穷小这一性质,有

$$\lim_{\Delta x \to 0} \Delta y = 2\lim_{\Delta x \to 0} \sin\frac{\Delta x}{2}\cos\left(x + \frac{\Delta x}{2}\right) = 0$$

由于 x 为任意点,所以 $y = \sin x$ 在 $(-\infty, +\infty)$ 内连续. 证毕.

3. 初等函数的连续性

函数的连续性是通过极限来定义的,因此由极限运算法则和连续的定义可得下列连续函数的运算法则.

法则 1-4-1(连续函数的四则运算)　设函数 $f(x),g(x)$ 均在点 x_0 处连续,则 $f(x)\pm g(x),f(x)\cdot g(x),\dfrac{f(x)}{g(x)}(g(x_0)\neq0))$ 都在点 x_0 处连续.

这个法则说明连续函数的和、差、积、商(分母不为零)都是连续函数.

法则 1-4-2(反函数的连续性)　单调连续函数的反函数在其对应区间上也是单调连续的.

由应用函数连续的定义与上述两个法则可以证明:基本函数在定义域上都是连续的.

法则 1-4-3(复合函数的连续性)　设函数 $y=f(u)$ 在点 u_0 处连续,若函数 $u=\varphi(x)$ 在点 x_0 处连续,且 $u_0=\varphi(x_0)$,则复合函数 $y=f[\varphi(x)]$ 在点 x_0 处连续.

法则 1-4-3 说明连续函数的复合函数仍为连续函数.

设 $\lim\limits_{x\to x_0}\varphi(x)=\varphi(x_0),\lim\limits_{u\to u_0}f(u)=f(u_0)$,且 $u_0=\varphi(x_0)$,则

$$\lim_{x\to x_0}f[\varphi(x)]=f[\varphi(x_0)]=f[\lim_{x\to x_0}\varphi(x)]$$

即

$$\lim_{x\to x_0}f[\varphi(x)]=f[\lim_{x\to x_0}\varphi(x)] \tag{1-7}$$

式(1-7)说明复合函数求极限时,极限运算符号与符号函数的符号可以交换.

式(1-7)的条件还可以减弱,只要 $f(u)$ 在 $u=u_0$ 处连续,而 $\lim\limits_{x\to x_0}\varphi(x)$ 存在且为 u_0(此时的 u_0 不一定是 $\varphi(x_0)$,而且函数 $\varphi(x)$ 在 $x=x_0$ 不一定有定义),式(1-7)仍然成立.这就是函数极限时作变量代换合理性的理论依据.

例 1-4-4　求 $\lim\limits_{x\to0}\sqrt{\dfrac{\sin5x}{x}}$.

解　$y=\sqrt{\dfrac{\sin5x}{x}}$ 由 $y=\sqrt{u},u=\dfrac{\sin5x}{x}$ 复合而成.因为 $\lim\limits_{x\to0}\dfrac{\sin5x}{x}=5$,而函数 $y=\sqrt{u}$ 在 $u=5$ 处连续,所以

$$\lim_{x\to0}\sqrt{\frac{\sin5x}{x}}=\sqrt{\lim_{x\to0}\frac{\sin5x}{x}}=\sqrt{5}$$

例 1-4-5　求 $\lim\limits_{x\to0}\dfrac{\ln(1+x)}{x}$.

解　$y=\dfrac{\ln(1+x)}{x}=\ln(1+x)^{\frac{1}{x}}$ 由 $y=\ln u,u=(1+x)^{\frac{1}{x}}$ 复合而成.因为 $\lim\limits_{x\to0}(1+x)^{\frac{1}{x}}=\mathrm{e}$,而函数 $y=\ln u$ 在 $u=\mathrm{e}$ 处连续,所以

$$\lim_{x\to0}\frac{\ln(1+x)}{x}=\ln\left[\lim_{x\to0}(1+x)^{\frac{1}{x}}\right]=\ln\mathrm{e}=1$$

根据法则 1-4-1~法则 1-4-3 可得如下定理.

定理 1-4-1　初等函数在其定义区间内是连续的.

所谓定义区间,就是包含在定义域内的区间.

由定理 1-4-1 可知,如果 $f(x)$ 是初等函数,且 x_0 是 $f(x)$ 的定义区间的点,则

$$\lim_{x \to x_0} f(x) = f(x_0)$$

由此,提供了求极限的一种方法.

例 1-4-6　求函数 $f(x) = \sqrt{1-x^2} + \arccos x$ 的连续区间,并求 $\lim\limits_{x \to 0} f(x)$.

解　函数 $\sqrt{1-x^2}$ 的定义域为 $[-1,1]$,$\arccos x$ 的定义域为 $[-1,1]$,所以函数 $f(x)$ 的连续区间为 $[-1,1]$. 而 $0 \in [-1,1]$,所以 $f(x)$ 在 $x=0$ 处连续,因此

$$\lim_{x \to 0} f(x) = f(0) = \sqrt{1-0^2} + \arccos 0 = 1 + \frac{\pi}{2}$$

1.4.2　函数的间断点

如果函数 $f(x)$ 在点 x_0 不连续,就称函数 $f(x)$ 在点 x_0 **间断**,$x = x_0$ 称为函数 $f(x)$ 的**间断点**或**不连续点**.

由函数 $f(x)$ 在点 x_0 连续的定义可知,$f(x)$ 在点 x_0 处连续必须同时满足以下三个条件:

(1) 函数 $f(x)$ 在点 x_0 处有定义;

(2) $\lim\limits_{x \to x_0} f(x)$ 存在;

(3) $\lim\limits_{x \to x_0} f(x) = f(x_0)$.

如果函数 $f(x)$ 不满足以上三个条件中的任何一个,那么点 $x = x_0$ 就是函数 $f(x)$ 的一个间断点.

下面讨论函数的间断点的类型.

(1) 如果函数 $f(x)$ 在点 x_0 处的极限存在,但不等于该点的函数值,即 $\lim\limits_{x \to x_0} f(x) = A \neq f(x_0)$;或者极限存在,但函数在点 x_0 处无定义,则称 $x = x_0$ 为函数的**可去间断点**.

例 1-4-7　函数 $f(x) = \dfrac{x^3 - 1}{x - 1}$ 在 $x = 1$ 处没有定义,所以 $x = 1$ 是函数的间断点,又因为

$$\lim_{x \to 1} f(x) = \lim_{x \to 1} \frac{x^3 - 1}{x - 1} = \lim_{x \to 1} (x^2 + x + 1) = 3$$

所以 $x = 1$ 为函数 $f(x)$ 的可去间断点.

例 1-4-8　函数 $f(x) = \begin{cases} \dfrac{\sin 3x}{x} & x \neq 0 \\ 2 & x = 0 \end{cases}$ 在点 $x = 0$ 处有定义,$f(0) = 2$,由于

$$\lim_{x \to 0} f(x) = \lim_{x \to 0} \frac{\sin 3x}{x} = 3 \neq f(0)$$

所以 $x = 0$ 为函数 $f(x)$ 的可去间断点.

由于函数 $f(x)$ 在可去间断点 x_0 处的极限存在,函数在点 x_0 处不连续的原因是它在该点的极限不等于该点处的函数值 $f(x_0)$,或者 $f(x)$ 在点 x_0 处无定义,所以我们可以补充或改变函数在点 x_0 处的定义,若令 $f(x_0) = \lim\limits_{x \to x_0} f(x)$,就能使点 x_0 成为连续点. 如在例 1-4-7 中,可补充定义 $f(1) = 3$,在例 1-4-8 中可改变函数在 $x = 0$ 处的定义,令 $f(0) = 3$,即可分别使两例中的函数在 $x = 1$ 和 $x = 0$ 处连续.

(2) 如果 $f(x)$ 在点 x_0 处的左、右极限存在但不相等,则称 $x=x_0$ 为函数 $f(x)$ 的**跳跃间断点**.

例 1-4-9 对于函数 $f(x)=\begin{cases} x+1 & x<0 \\ 0 & x=0 \\ x-1 & x>0 \end{cases}$,由于

$$\lim_{x\to 0^-} f(x) = \lim_{x\to 0^-}(x+1) = 1$$

$$\lim_{x\to 0^+} f(x) = \lim_{x\to 0^+}(x-1) = 1$$

所以 $x=0$ 为函数 $f(x)$ 的跳跃间断点,如图 1.29 所示.

可去间断点和跳跃间断点统称为**第一类间断点**.

(3) 如果函数 $f(x)$ 在点 x_0 处的左、右极限 $f(x_0-0)$ 与 $f(x_0+0)$ 中至少有一个不存在,则称 $x=x_0$ 为函数 $f(x)$ 的**第二类间断点**.

例 1-4-10 函数 $f(x)=\dfrac{1}{x-1}$ 在 $x=1$ 处无定义,所以 $x=1$ 为 $f(x)$ 的间断点. 因为 $\lim\limits_{x\to 1} f(x)=\infty$,所以 $x=1$ 为 $f(x)$ 的第二类间断点. 因为 $\lim\limits_{x\to 1} f(x)=\infty$,又称 $x=1$ 为**无穷间断点**.

例 1-4-11 函数 $f(x)=\sin\dfrac{1}{x}$ 在点 $x=0$ 处无定义,所以 $x=0$ 为 $f(x)$ 的间断点. 当 $x\to 0$ 时,$f(x)=\sin\dfrac{1}{x}$ 的值在 $-1\sim +1$ 间无限次地振荡,因而不能趋向于某一定值,于是 $\lim\limits_{x\to 0}\sin\dfrac{1}{x}$ 不存在,所以 $x=0$ 是 $f(x)$ 的第二类间断点,如图 1.30 所示,此时也称 $x=0$ 为**振荡间断点**.

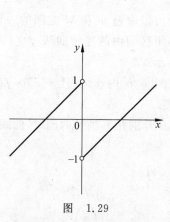

图 1.29

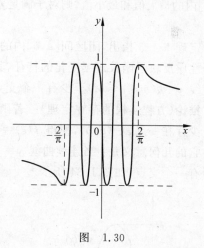

图 1.30

1.4.3 闭区间上连续函数的性质

下面介绍闭区间上连续函数的一些重要性质,并给出几何说明.

定理 1-4-2(最大值和最小值定理) 设函数 $f(x)$ 在闭区间 $[a,b]$ 内连续,则在 $[a,b]$ 内至少存在两点 x_1,x_2,使得对于任何 $x\in[a,b]$,都有 $f(x_1)\leqslant f(x)\leqslant f(x_2)$.

这里 $f(x_2)$ 和 $f(x_1)$ 分别称为函数在闭区间 $[a,b]$ 上的**最大值**和**最小值**,如图 1.31

所示.

注意 (1) 对于开区间 (a,b) 内的连续函数或在闭区间内有间断点的函数,定理 1-4-2 的结论不一定成立.例如,函数 $y=x^2$ 在开区间 $(0,1)$ 内不存在最大值和最小值;又如,函数

$$f(x)=\begin{cases} x+1 & -1\leqslant x<0 \\ 0 & x=1 \\ x-1 & 0<x\leqslant 1 \end{cases}$$

在闭区间 $[-1,1]$ 内有间断点 $x=0$,$f(x)$ 在闭区间 $[-1,1]$ 内也不存在最大值和最小值,如图 1.32 所示.

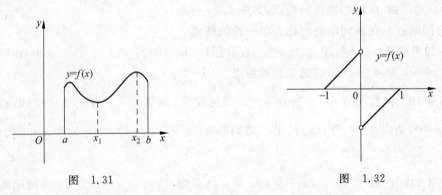

图　1.31　　　　　　　　　　　图　1.32

(2) 定理 1-4-1 中,达到最大值和最小值的点也可能在闭区间 $[a,b]$ 的端点.例如,$y=2x+1$ 函数在 $[-1,2]$ 内连续,其最大值为 $f(2)=5$,最小值 $f(-1)=-1$,均在区间的端点处取得.

定理 1-4-3(介值定理)　设函数 $f(x)$ 在闭区间 $[a,b]$ 内连续,M 和 m 分别是 $f(x)$ 在 $[a,b]$ 内的最大值和最小值,则对于满足 $m\leqslant\mu\leqslant M$ 的任何实数 μ,至少存在一点 $\varepsilon\in(a,b)$,使得

$$f(\varepsilon)=\mu$$

定理 1-4-3 指出,闭区间 $[a,b]$ 内的连续函数 $f(x)$ 可以取遍 m 和 M 之间的一切数值.这个性质反映了函数连续变化的特征,其几何意义是:闭区间内的连续曲线 $y=f(x)$ 与水平直线 $y=\mu(m\leqslant\mu\leqslant M)$ 至少有一个交点,如图 1.33 所示.

推论(方程实根的存在定理)　若函数 $f(x)$ 在闭区间 $[a,b]$ 内连续,且 $f(a)\cdot f(b)<0$,则至少存在一点 $\varepsilon\in(a,b)$,使得 $f(\varepsilon)=0$,也称零点定理.

它的几何意义是:当连续曲线 $y=f(x)$ 的端点 A、B 分别在 x 轴的两侧时,曲线与 x 轴至少有一个交点,如图 1.34 所示.

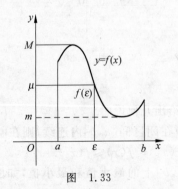

图　1.33

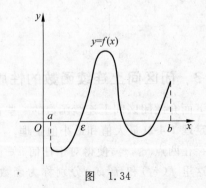

图　1.34

由推论可知道，$x=\varepsilon$ 为方程 $f(x)=0$ 的一个根，且 ε 位于开区间 (a,b) 内，所以利用推论可以判断方程在某个开区间内存在实根．$x=\varepsilon$ 又称为函数 $y=f(x)$ 的零点．

例 1-4-12 证明四次代数方程 $x^4+1=3x^2$ 在区间 $(0,1)$ 内至少有一个实根．

证 设 $f(x)=x^4-3x^2+1$．因为函数 $f(x)$ 在闭区间 $[0,1]$ 上连续，又

$$f(0)=1, \quad f(1)=-1$$

故

$$f(0) \cdot f(1) < 1$$

根据定理 1-4-3 推论知道，至少存在一点 $\varepsilon \in (0,1)$，使 $f(\varepsilon)=0$，即

$$\varepsilon^4-3\varepsilon^2+1=0$$

因此，方程 $x^4+1=3x^2$ 在区间 $(0,1)$ 内至少有一个实根 ε．证毕．

例 1-4-13 设 $f(x)$ 在 $[0,1]$ 内连续，且 $0<f(x)<1$．证明存在 $\varepsilon \in (0,1)$，使 $f(\varepsilon)=\varepsilon$．

证 设 $F(x)=f(x)-x$，$F(x)$ 在 $[0,1]$ 上连续，且 $F(0)=f(0)>0$，$F(1)=f(1)-1<0$．由零点定理可知，至少存在一点 $\varepsilon \in (0,1)$，使 $F(\varepsilon)=0$，所以 $f(\varepsilon)=\varepsilon$．证毕．

第 2 章 导数与微分

2.1 导数的概念

2.1.1 引例

例 2-1-1 设一质点作变速直线运动,距离函数为 $s=s(t)$,求质点在某时刻 t_0 的瞬时速度,如图 2.1 所示.

解 考虑从 t_0 到 $t_0+\Delta t$ 这一时间段,在这一时间段内质点经过的路程为

$$\Delta s = s(t_0 + \Delta t) - s(t_0)$$

于是比值 $\dfrac{\Delta s}{\Delta t}$ 就是质点在 t_0 到 $t_0+\Delta t$ 这段时间内的平均速度,记作 $\bar{v}$,即

$$\bar{v} = \frac{\Delta s}{\Delta t} = \frac{s(t_0 + \Delta t) - s(t_0)}{\Delta t}$$

$\bar{v}$ 可作为质点在时刻 t_0 的瞬时速度的近似值. 显然,$|\Delta t|$ 越小,近似程度越高. 令 $\Delta t \to 0$,若 $\bar{v}$ 的极限存在,则此极限值就是质点在时刻 t_0 的瞬时速度 $v(t_0)$,即

$$t(t_0) = \lim_{\Delta t \to 0} \bar{v} = \lim_{\Delta t \to 0} \frac{\Delta s}{\Delta t} = \lim_{\Delta t \to 0} \frac{s(t_0 + \Delta t) - s(t_0)}{\Delta t}$$

**例 2-1-2 将一根质量非均匀分布的细杆放在 x 轴的正向一侧,它的一端位于原点,则分布在 $[0,x]$ 内的质量 m 是 x 的函数:

$$m = m(x)$$

求杆上某一点 x_0 处的密度,如图 2.2 所示.

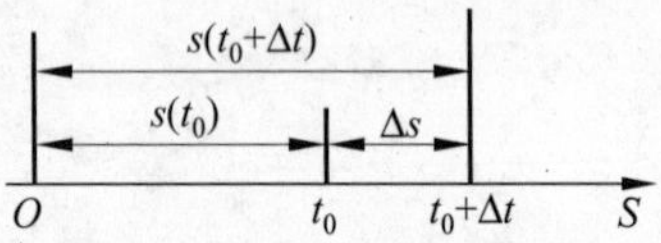

图 2.1

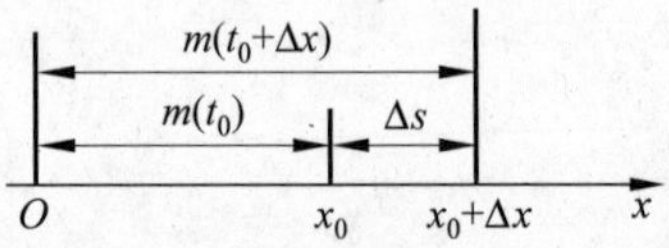

图 2.2

解 如果细杆质量的分布是均匀的,则它的线密度 ρ 就是杆的总质量与杆的长度之比. 但是,对质量非均匀分布的细杆,就不能这样计算. 在 $[0,x_0]$ 内细杆的质量为 $m(x_0)$,在 $[0,x_0+\Delta x]$ 内的质量为 $m(x_0+\Delta x)$,于是在 Δx 这段长度内,细杆的质量为

$$\Delta m = m(x_0 + \Delta x) - m(x_0)$$

平均线密度为

$$\bar{\rho} = \frac{\Delta m}{\Delta x} = \frac{m(x_0 + \Delta x) - m(x_0)}{\Delta x}$$

当 $|\Delta x|$ 很小时,平均线密度 $\bar{\rho}$ 可作为细杆在点 x_0 处的线密度的近似值. $|\Delta x|$ 越小,近似程度越高. 令 $\Delta x \to 0$,若 $\bar{\rho}$ 的极限存在,则此极限值就是细杆在点 x_0 处的线密度 $\rho(x_0)$,即

$$\rho(x_0) = \lim_{\Delta x \to 0} \bar{\rho} = \lim_{\Delta x \to 0} \frac{m(x_0 + \Delta x) - m(x_0)}{\Delta x}$$

2.1.2　导数的定义

上述两个实际问题的物理意义虽然不同,但是解决问题的方法是相同的,都是求函数的改变量与自变量之比的极限,这就产生了导数的概念.下面给出导数的含义.

定义 2-1-1　设函数 $y=f(x)$ 在点 x_0 的某邻域 $U(x_0,\delta)$ 内有定义,在 x_0 处给出自变量 x 的一个改变量 Δx,且 $x_0+\Delta x\in U(x_0,\delta)$,函数 y 相应地有改变量 $\Delta y=f(x_0+\Delta x)-f(x_0)$,如果极限

$$\lim_{\Delta x\to 0}\frac{\Delta y}{\Delta x}=\lim_{\Delta x\to 0}\frac{f(x_0+\Delta x)-f(x_0)}{\Delta x}\tag{2-1}$$

存在,则称函数 $y=f(x)$ 在点 x_0 处**可导**,并称此极限值为函数 $f(x)$ 在点 x_0 处的**导数**,或称函数在 x_0 处的**变化率**,记作 $f'(x_0)$,即

$$f'(x_0)=\lim_{\Delta x\to 0}\frac{\Delta y}{\Delta x}=\lim_{\Delta x\to 0}\frac{f(x_0+\Delta x)-f(x_0)}{\Delta x}$$

也可以记作 $y'|_{x=x_0}$,$\dfrac{\mathrm{d}y}{\mathrm{d}x}\Big|_{x=x_0}$,或 $\dfrac{\mathrm{d}f(x)}{\mathrm{d}x}\Big|_{x=x_0}$.

如果极限(2-1)不存在,则称函数 $y=f(x)$ 在 x_0 处**不可导**.

令 $x_0+\Delta x=x$,则 $\Delta x=x-x_0$,当 $\Delta x\to 0$ 时,有 $x\to x_0$,因此函数 $f(x)$ 在 x_0 点处的导数 $f'(x_0)$ 也可表示为

$$f'(x_0)=\lim_{x\to x_0}\frac{f(x)-f(x_0)}{x-x_0}\tag{2-2}$$

根据导数的定义,上述两个实际问题可如下叙述.

(1)变速直线运动的质点在 t_0 时刻的瞬时速度,就是距离函数 $s=s(t)$ 在 t_0 处对时间 t 的导数,即

$$v(t_0)=s'(t_0)=\frac{\mathrm{d}s}{\mathrm{d}t}\Big|_{t=t_0}$$

(2)质量非均匀分布的细杆在 x_0 处的线密度,就是质量分布函数 $m=m(x)$ 在 x_0 处对于长度 x 的导数,即

$$\rho(x_0)=m'(x_0)=\frac{\mathrm{d}m}{\mathrm{d}x}\Big|_{x=x_0}$$

例 2-1-3　求函数 $y=\sqrt{x}$ 在点 $x_0(x_0>0)$ 处的导数.

解　对于自变量 x 在点 x_0 处的改变量 Δx,相应的函数的改变量为

$$\Delta y=f(x_0+\Delta x)-f(x_0)=\sqrt{x_0+\Delta x}-\sqrt{x_0}$$

于是

$$\frac{\Delta y}{\Delta x}=\frac{\sqrt{x_0+\Delta x}-\sqrt{x_0}}{\Delta x}$$

$$f'(x_0)=\lim_{\Delta x\to 0}\frac{\Delta y}{\Delta x}=\lim_{x\to 0}=\frac{\sqrt{x_0+\Delta x}-\sqrt{x_0}}{\Delta x}$$

$$=\lim_{\Delta x\to 0}\frac{1}{\sqrt{x_0+\Delta x}+\sqrt{x_0}}=\frac{1}{2\sqrt{x_0}}$$

即

$$(\sqrt{x})' \mid_{x=x_0} = \frac{2}{2\sqrt{x_0}}$$

如果函数 $y = f(x)$ 在开区间 (a,b) 内的每一点都可导,则称函数 $y = f(x)$ 在开区间 (a,b) 内可导.这时,对于开区间 (a,b) 内的每一个确定的 x 值,都对应着一个确定的函数值 $f'(x)$,于是就确定了一个新的函数 $f'(x)$,称为函数 $y = f(x)$ 的**导函数**.用 $f'(x)$,y',$\dfrac{dy}{dx}$ 或 $\dfrac{df(x)}{dx}$ 等来表示,即

$$f'(x) = \lim_{\Delta x \to 0} \frac{f(x + \Delta x) - f(x)}{\Delta x}, \quad x \in (a,b)$$

在不致发生混淆的情况下,导函数也简称导数.

显然,函数 $y = f(x)$ 在点 x_0 处的导数 $f'(x_0)$,就是导数函数 $f'(x)$ 在点 $x = x_0$ 处的函数值,即

$$f'(x_0) = f'(x) \mid_{x=x_0}$$

导数的概念是从实际问题中抽象出来的,它有着广泛的应用.除了上面两个实际问题外,还有速度 $v(t)$ 对时间 t 的导数 $\dfrac{dv}{dt}$,称为时刻 t 的瞬时加速度 $a(t)$;电量 $Q(t)$ 对时间 t 的导数 $\dfrac{dQ}{dt}$,称为在时刻 t 的电流 $I(t)$;热量 $q(t)$ 对温度 t 的导数 $\dfrac{dq}{dt}$,称为热容 $C(t)$ 等.

2.1.3　求导数举例

由导函数的定义可知,求函数 $y = f(x)$ 的导数 y' 的一般步骤如下.

(1) 求出函数的改变量:$\Delta y = f(x + \Delta x) - f(x)$.

(2) 作出函数的改变量与自变量的改变量之比:

$$\frac{\Delta y}{\Delta x} = \frac{f(x + \Delta x) - f(x)}{\Delta x}$$

(3) 求出当 $\Delta x \to 0$ 时,$\dfrac{\Delta y}{\Delta x}$ 的极限:

$$y' = \lim_{\Delta x \to 0} \frac{\Delta y}{\Delta x} = \lim_{\Delta x \to 0} \frac{f(x + \Delta x) - f(x)}{\Delta x}$$

下面根据这三个步骤求一些比较简单函数的导数.

例 2-1-4　求函数 $y = bx + c$ 的导数(其中 b 与 c 为常数).

解　求函数的改变量:

$$\Delta y = b(x + \Delta x) + c - (bx + c) = b\Delta x$$

计算

$$\frac{\Delta y}{\Delta x} = \frac{b\Delta x}{\Delta x} = b$$

则

$$y' = \lim_{\Delta x \to 0} \frac{\Delta y}{\Delta x} = \lim_{\Delta x \to 0} b = b$$

即

$$(bx + c)' = b$$

特别地,有 $(x)' = 1$,$(C)' = 0$(C 为常数).

也就是说,**常数的导数等于零**.

例 2-1-5 求 $y = x^3$ 的导数.

解 求函数的改变量:

$$\Delta y = (x + \Delta x)^3 - x^3 = 3x^2 \Delta x + 3x(\Delta x)^2 + (\Delta x)^3$$

由于

$$\frac{\Delta y}{\Delta x} = 3x^2 + 3x(\Delta x) + (\Delta x)^2$$

则

$$y' = \lim_{\Delta x \to 0} \frac{\Delta y}{\Delta x} = \lim_{\Delta x \to 0} [3x^2 + 3x(\Delta x) + (\Delta x)^2] = 3x^2$$

即

$$(x^3)' = 3x^2$$

此结果对一般的幂函数 $y = x^\mu$ (μ 为实数)均成立, 即

$$(x^\mu)' = \mu x^{\mu-1}$$

此结论将在本章 2.2 节加以证明.

例如, 函数 $y = \sqrt{x}$ 的导数为

$$(\sqrt{x})' = \left(x^{\frac{1}{2}} \right)' = \frac{1}{2} x^{\frac{1}{2}-1} = \frac{1}{2\sqrt{x}}$$

又如, 函数 $y = \frac{1}{x}$ 的导数为

$$\left(\frac{1}{x} \right)' = (x^{-1})' = -1 \cdot x^{-1-1} = -\frac{1}{x^2}$$

例 2-1-6 求函数 $y = \sin x$ 的导数.

解

$$\Delta y = \sin(x + \Delta x) - \sin x = 2\sin\frac{\Delta x}{2}\cos\left(x + \frac{\Delta x}{2}\right)$$

$$\frac{\Delta y}{\Delta x} = \frac{2\sin\frac{\Delta x}{2}\cos\left(x + \frac{\Delta x}{2}\right)}{\Delta x} = \left[\frac{\sin\frac{\Delta x}{2}}{\frac{\Delta x}{2}} \right] \cdot \cos\left(x + \frac{\Delta x}{2}\right)$$

则

$$y' = \lim_{\Delta x \to 0} \frac{\Delta y}{\Delta x} = \lim_{\Delta x \to 0} \left[\frac{\sin\frac{\Delta x}{2}}{\frac{\Delta x}{2}} \right] \cdot \lim_{\Delta x \to 0} \cos\left(x + \frac{\Delta x}{2}\right) = \cos x$$

即

$$(\sin x)' = \cos x$$

类似地, 可以证明余弦函数 $y = \cos x$ 的导数为

$$(\cos x)' = -\sin x$$

例 2-1-7 求函数 $y = \log_a x$ ($a > 0, a \neq 1$) 的导数.

解

$$\Delta y = \log_a(x + \Delta x) - \log_a x = \log_a\left(1 + \frac{\Delta x}{x}\right) = \frac{\ln\left(1 + \frac{\Delta x}{x}\right)}{\ln a}$$

$$\frac{\Delta y}{\Delta x} = \frac{\ln a\left(1+\frac{\Delta x}{x}\right)}{\ln a \cdot \Delta x} = \frac{\ln\left(1+\frac{\Delta x}{x}\right)}{x\ln a \cdot \frac{\Delta x}{x}}$$

当 $\Delta x \to 0$ 时，$\ln\left(1+\frac{\Delta x}{x}\right) \sim \frac{\Delta x}{x}$，因此

$$y' = \lim_{\Delta x \to 0}\frac{\Delta y}{\Delta x} = \lim_{\Delta x \to 0}\frac{\ln\left(1+\frac{\Delta x}{x}\right)}{\frac{\Delta x}{x}} \cdot \frac{1}{x\ln a} = \frac{1}{x\ln a}$$

即

$$(\log_a x)' = \frac{1}{x\ln a}$$

当 $a=e$ 时，得自然对数函数的导数为

$$(\ln x)' = \frac{1}{x}$$

2.1.4　导数的几何意义

如图 2.3 所示，在曲线 $y=f(x)$ 上取一定点 $M(x_0,y_0)$，当自变量 x 由 x_0 变到 $x_0+\Delta x$ 时，在曲线上相应地由点 M 变到点 $P(x_0+\Delta x, y_0+\Delta y)$，连接点 M、P 得割线 MP. 设割线 MP 对于 x 轴的倾角为 φ，则割线 MP 的斜率为 $\tan\varphi = \frac{\Delta y}{\Delta x}$. 当 $\Delta x \to 0$ 时，点 P 就趋向于点 M，而割线 MP 就无限趋近于它的极限位置，即直线 MT，直线 MT 称为曲线 $y=f(x)$ 在点 M 的**切线**. 设切线 MT 对 x 轴的倾角为 θ，那么当 $\Delta x \to 0$ 时，有 $\varphi \to \theta$，从而得

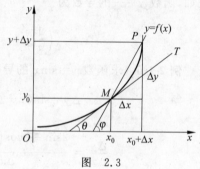

图　2.3

$$f'(x_0) = \lim_{\Delta x \to 0}\frac{\Delta y}{\Delta x} = \lim_{\Delta x \to 0}\tan\varphi = \lim_{\varphi \to \theta}\tan\varphi = \tan\theta$$

这就是说，函数 $y=f(x)$ 在点 x_0 处的导数 $f'(x_0)$ 表示曲线 $y=f(x)$ 在点 $M[x_0, f(x_0)]$ 处切线的**斜率**.

如果函数 $f(x)$ 在点 x_0 处连续，且 $\lim_{\Delta x \to 0}\frac{\Delta y}{\Delta x} = \infty$，此时 $f(x)$ 在 x_0 处不可导，但曲线 $y=f(x)$ 在点 $(x_0, f(x_0))$ 处有垂直于 x 轴的切线 $x=x_0$.

过切线 $M[x_0, f(x_0)]$ 且垂直于切线的直线称为曲线 $y=f(x)$ 在点 M 处的**法线**.

如果曲线 $y=f(x)$ 在点 x_0 处可导，则曲线 $y=f(x)$ 在点 $[x_0, f(x_0)]$ 处的切线方程与法线方程分别为

$$y - y_0 = f'(x_0)(x - x_0)$$

和

$$y - y_0 = \frac{-1}{f'(x_0)}(x - x_0), \quad f'(x_0) \neq 0$$

例 2-1-8　已知函数 $y=x^2$，求：(1)曲线在点$(1,1)$处的切线方程和法线方程；(2)曲线

上哪一点处的切线与直线 $y=4x-1$ 平行?

解　(1) 因为 $y'=2x$,根据导数的几何意义,曲线 $y=x^2$ 在点 $(1,1)$ 处的切线的斜率为 $y'|_{x=1}=2$,所以切线方程为

$$y-1=2(x-1)$$

即

$$2x-y-1=0$$

法线方程为

$$y-1=-\frac{1}{2}(x-1)$$

即

$$x+2y-3=0$$

(2) 设所求的点为 $M_0(x_0,y_0)$,曲线 $y=x^2$ 在点 M_0 处的切线的斜率为

$$y'|_{x=x_0}=2x|_{x=x_0}=2x_0$$

切线与直线 $y=4x-1$ 平行时,它们的斜率相等,即 $2x_0=4$,所以 $x_0=2$,此时 $y_0=4$,故在点 $M_0(2,4)$ 处的切线与直线 $y=4x-1$ 平行.

2.1.5　可导与连续的关系

函数的可导与连续是两个重要的概念,两者有如下关系.

定理 2-1-1　如果函数 $u=f(x)$ 在 x_0 处可导,则 $f(x)$ 在 x_0 处连续.

证　在 x_0 处给自变量 x 一个改变量 Δx,函数 y 相应地有改变量 $\Delta y=f(x_0+\Delta x)-f(x_0)$.

因为 $y=f(x)$ 在 x_0 处可导,即 $\lim\limits_{\Delta x\to 0}\dfrac{\Delta y}{\Delta x}=f'(x_0)$,得

$$\lim_{\Delta x\to 0}\Delta y=\lim_{\Delta x\to 0}\left(\frac{\Delta y}{\Delta x}\cdot\Delta x\right)=\lim_{\Delta x\to 0}\frac{\Delta y}{\Delta x}\cdot\lim_{\Delta x\to 0}\Delta x=f'(x_0)\cdot 0=0$$

这就是说,函数 $y=f(x)$ 在点 x_0 处连续. 证毕.

注意　这个定理的逆命题不成立. 也就是说,一个函数在某一点连续,它不一定在该点可导,见例 2-1-9.

例 2-1-9　函数 $y=|x|$ 在 $x=0$ 处连续,但它在点 $x=0$ 处不可导. 这是因为在点 $x=0$ 处有

$$\frac{\Delta y}{\Delta x}=\frac{|0+\Delta x|-|0|}{\Delta x}=\frac{|\Delta x|}{\Delta x}=\begin{cases}1 & \Delta x>0 \\ -1 & \Delta x<0\end{cases}$$

因而

$$\lim_{x\to 0^+}\frac{\Delta y}{\Delta x}=1,\quad \lim_{x\to 0^-}\frac{\Delta y}{\Delta x}=-1$$

因此, $\lim\limits_{x\to 0}\dfrac{\Delta y}{\Delta x}$ 不存在.

所以函数 $y=|x|$ 在 $x=0$ 处不可导. 如图 2.4 所示,曲线 $y=|x|$ 在原点处没有切线.

由上面的讨论可知,函数在某点连续是函数在该点可

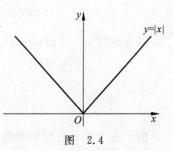

图　2.4

导的必要条件,但不是充分条件.

如果极限 $\lim\limits_{\Delta x \to 0^+} \dfrac{f(x_0 + \Delta x) - f(x_0)}{\Delta x}$ 存在,则称此极限值为 $f(x)$ 在点 x_0 处的**右导数**,记作 $f'_+(x_0)$. 如果极限 $\lim\limits_{\Delta x \to 0^-} \dfrac{f(x_0 + \Delta x) - f(x_0)}{\Delta x}$ 存在,则称此极限值为 $f(x)$ 在点 x_0 处的**左导数**,记作 $f'_-(x_0)$.

应用上述术语,例 2-1-9 中的两个极限为 $f'_+(0) = 1, f'_-(0) = -1$.

显然,函数 $f(x)$ 在 x_0 处可导的充分必要条件是 $f(x)$ 在 x_0 处左、右导数都存在且相等.

2.2 求 导 法 则

2.2.1 导数的四则运算法则

定理 2-2-1 设函数 $u(x)$ 与 $v(x)$ 在点 x 处可导,则函数 $u \pm v, uv, \dfrac{u}{v}(v \neq 0)$ 在点 x 处也可导,并且有

(1) $(u \pm v)' = u' \pm v'$;

(2) $(uv)' = u'v + uv'$;

(3) $\left(\dfrac{u}{v}\right)' = \dfrac{u'v - uv'}{v^2}(v \neq 0)$.

证 下面只对(2)给出证明.

设 $y = u(x)v(x)$,给 x 以改变量 Δx,则函数 $u = u(x), v = v(x), y = u(x)v(x)$ 相应地有改变量 $\Delta u, \Delta v$ 和 Δy,而

$$\Delta u = u(x + \Delta x) - u(x)$$
$$\Delta v = v(x + \Delta x) - v(x)$$

于是

$$\begin{aligned} \Delta y &= u(x + \Delta x)v(x + \Delta x) - u(x)v(x) \\ &= u(x + \Delta x)v(x + \Delta x) - u(x)v(x + \Delta x) + u(x)v(x + \Delta x) - u(x)v(x) \\ &= \Delta u \cdot v(x + \Delta x) + u(x) \cdot \Delta v \end{aligned}$$

因而

$$\frac{\Delta y}{\Delta x} = \frac{\Delta u}{\Delta x} \cdot v(x + \Delta x) + u(x) \cdot \frac{\Delta v}{\Delta x}$$

所以

$$\lim_{\Delta x \to 0} \frac{\Delta y}{\Delta x} = \lim_{\Delta x \to 0} \left[\frac{\Delta u}{\Delta x} \cdot v(x + \Delta x) + u(x) \cdot \frac{\Delta v}{\Delta x} \right]$$

因为函数 $u = u(x), v = v(x)$ 在点 x 处必可导,即

$$\lim_{\Delta x \to 0} \frac{\Delta u}{\Delta x} = u'(x)$$

$$\lim_{\Delta x \to 0} \frac{\Delta v}{\Delta x} = v'(x)$$

由于在 x 点处可导的函数 $v(x)$ 在点 x 处必连续,即

$$\lim_{\Delta x \to 0} v(x + \Delta x) = v(x)$$

所以
$$\lim_{\Delta x \to 0} \frac{\Delta y}{\Delta x} = \lim_{\Delta x \to 0} \frac{\Delta u}{\Delta x} \cdot \lim_{\Delta x \to 0}(x + \Delta x) + u(x) \lim_{\Delta x \to 0} \frac{\Delta v}{\Delta x}$$

$$= u'(x) \cdot v(x) \cdot v'(x)$$

即
$$(uv)' = u'v + uv'$$

证毕.

定理 2-2-1(2)可以推广到有限个可导函数的乘积的情形. 例如设 $u(x), v(x), w(x)$ 在点 x 处可导,则 uvw 在 x 点仍可导,且有

$$(uvw)' = u'vw + uv'w + uvw'$$

由定理 2-2-1(2)、定理 2-2-1(3),我们还可得到两个特殊的情况:

$$(Cu)' = Cu', \quad \left(\frac{C}{v}\right)' = \frac{Cv'}{v^2} \quad (C \text{ 为常数}, v \neq 0)$$

例 2-2-1　求函数 $y = x^2 + \dfrac{1}{\sqrt{x}} - 5\cos x + 3\log_a x + \ln 4$ 的导数.

解　$y' = \left(x^2 + \dfrac{1}{\sqrt{x}} - 5\cos x + 3\log_a x + \ln 4\right)'$

$= (x^2)' + (x^{-\frac{1}{2}})' - 5(\cos x)' + 3(\log_a x)' + (\ln 4)'$

$= 2x - \dfrac{1}{2\sqrt{x^3}} + 5\sin x + \dfrac{3}{x \ln a}$

例 2-2-2　求函数 $y = 10x^5 \ln x$ 的导数.

解　$y' = 10(x^5 \ln x)' = 10[(x^5)' \ln x + x^5(\ln x)']$

$= 10\left(5x^4 \ln x + x^5 \dfrac{1}{x}\right) = 10x^4(5\ln x + 1)$

**例 2-2-3　求函数 $y = x\ln x \cdot \sin x + \sin \dfrac{\pi}{2}$ 的导数.

解　$y' = (x\ln x \cdot \sin x)' + \left(\sin \dfrac{\pi}{2}\right)' = (x)' \ln x \cdot \sin x + x(\ln x)' \sin x + x\ln x(\sin x)'$

$= \ln x \cdot \sin x + \sin x + x\ln x \cdot \cos x$

例 2-2-4　求函数 $y = \dfrac{x-1}{x+1}$ 的导数.

解　$y' = \left(\dfrac{x-1}{x+1}\right)' = \dfrac{(x-1)'(x+1) - (x-1)(x+1)'}{(x+1)^2}$

$= \dfrac{x+1-(x-1)}{(x+1)^2} = \dfrac{2}{(x+1)^2}$

例 2-2-5　求函数 $y = \dfrac{\ln x}{x^3}$ 的导数.

解　$y' = \left(\dfrac{\ln x}{x^3}\right)' = \dfrac{(\ln x)' x^3 - \ln x \cdot (x^3)'}{(x^3)^2}$

$= \dfrac{\dfrac{1}{x} \cdot x^3 - \ln x \cdot 3x^2}{x^6} = \dfrac{1 - 3\ln x}{x^4}$

例 2-2-6 求函数 $y=\tan x$ 的导数.

解 $y'=(\tan x)'=\left(\dfrac{\sin x}{\cos x}\right)'=\dfrac{(\sin x)'\cdot\cos x-\sin x\cdot(\cos x)'}{\cos^2 x}$

$\qquad =\dfrac{\cos^2 x+\sin^2 x}{\cos^2 x}=\dfrac{1}{\cos^2 x}=\sec^2 x$

即

$$(\tan x)'=\sec^2 x$$

用类似的方法,可得

$$(\cot x)'=-\dfrac{1}{\sin^2 x}=-\csc^2 x$$

例 2-2-7 求函数 $y=\sec x$ 的导数.

解 $y'=(\sec x)'=\left(\dfrac{1}{\cos x}\right)'=\dfrac{(\cos x)'}{\cos^2 x}$

$\qquad =\dfrac{\sin x}{\cos^2 x}=\tan x\cdot\sec x$

即

$$(\sec x)'=\tan x\cdot\sec x$$

用类似的方法,可得

$$(\csc x)'=-\cot x\cdot\csc x$$

2.2.2 复合函数的求导法则

我们先讨论函数 $y=\sin 2x$ 的求导问题.

因为 $y=\sin 2x=2\sin x\cos x$,于是由导数的四则运算法则,得

$$\dfrac{\mathrm{d}y}{\mathrm{d}x}=(\sin 2x)'=2(\sin x\cos x)'=2[(\sin x)'\cos x+\sin x(\cos x)']$$

$$=2(\cos^2 x-\sin^2 x)=2\cos 2x$$

另一方面,$y=\sin 2x$ 是由 $y=\sin u,u=2x$ 复合而成,由于

$$\dfrac{\mathrm{d}y}{\mathrm{d}u}=\cos u,\qquad \dfrac{\mathrm{d}u}{\mathrm{d}x}=2$$

于是有

$$\dfrac{\mathrm{d}y}{\mathrm{d}u}\cdot\dfrac{\mathrm{d}u}{\mathrm{d}x}=2\cos u=2\cos 2x$$

从而可得公式

$$\dfrac{\mathrm{d}y}{\mathrm{d}x}=\dfrac{\mathrm{d}y}{\mathrm{d}u}\cdot\dfrac{\mathrm{d}u}{\mathrm{d}x}$$

上述公式反映了复合函数的求导规律,一般有如下定理.

定理 2-2-2 设函数 $u=\varphi(x)$ 在点 x 处可导,函数 $y=f(u)$ 在对应点 u 处可导,则复合函数 $y=f[\varphi(x)]$ 在点 x 处仍可导,且有

$$y'=f'(u)\cdot\varphi'(x)$$

或记作

$$\dfrac{\mathrm{d}y}{\mathrm{d}x}=\dfrac{\mathrm{d}y}{\mathrm{d}u}\cdot\dfrac{\mathrm{d}u}{\mathrm{d}x}$$

证 给自变量 x 以改变量 Δx，相应地，函数 $u=\varphi(x)$ 有改变量 Δu，从而函数 $y=f(u)$ 也有相应的改变量 Δy.

由于 $y=f(u)$ 在 u 处可导，因此极限 $\lim\limits_{\Delta x \to 0}\dfrac{\Delta y}{\Delta u}=f'(u)$ 存在.根据函数极限与无穷小的关系有

$$\frac{\Delta y}{\Delta u}=f'(u)+\alpha(\Delta u)$$

其中 $\alpha(\Delta u)$ 为当 $\Delta u \to 0$ 时的无穷小，上式两边同乘以 Δu，得

$$\Delta y=f'(u)\Delta u+\alpha(\Delta u)\cdot\Delta u$$

于是

$$\frac{\Delta y}{\Delta x}=f'(u)\cdot\frac{\Delta u}{\Delta x}+\alpha(\Delta x)\cdot\frac{\Delta u}{\Delta x}$$

因为 $u=\varphi(x)$ 在点 x 处可导，所以极限 $\lim\limits_{\Delta x \to 0}\dfrac{\Delta y}{\Delta x}\varphi'(x)$ 存在.根据可导必连续知，$u=\varphi(x)$ 在点 x 处连续.所以当 $\Delta x \to 0$ 时，$\Delta u \to 0$，从而有

$$\lim_{\Delta x \to 0}\alpha(\Delta u)=\lim_{\Delta u \to 0}\alpha(\Delta u)=0$$

所以

$$\lim_{\Delta x \to 0}\frac{\Delta y}{\Delta x}=\lim_{\Delta x \to 0}\left[f'(u)\cdot\frac{\Delta u}{\Delta x}+\alpha(\Delta u)\cdot\frac{\Delta u}{\Delta x}\right]$$
$$=f'(u)\cdot\lim_{\Delta x \to 0}\frac{\Delta u}{\Delta x}+\lim_{\Delta x \to 0}\alpha(\Delta u)\cdot\lim_{\Delta x \to 0}\frac{\Delta u}{\Delta x}$$
$$=f'(u)\cdot\varphi'(x)$$

即

$$y'=f'(u)\cdot\varphi'(x)$$

证毕.

复合函数求导法则可推广到多次复合的情形.例如，设 $y=f(u),u=\varphi(v),v=g(x)$ 都可导，则

$$y'=f'(u)\cdot\varphi'(v)\cdot g'(x)$$

或记作

$$\frac{\mathrm{d}y}{\mathrm{d}x}=\frac{\mathrm{d}y}{\mathrm{d}u}\cdot\frac{\mathrm{d}u}{\mathrm{d}v}\cdot\frac{\mathrm{d}v}{\mathrm{d}x}$$

例 2-2-8 求函数 $y=\sin(\omega x+\varphi_0)$ 的导数，其中 ω,φ_0 为常数.

解 $y=\sin(\omega x+\varphi_0)$ 是由 $y=\sin u$ 与 $u=\omega x+\varphi_0$ 复合而成，而 $\dfrac{\mathrm{d}y}{\mathrm{d}u}=\cos u,\dfrac{\mathrm{d}u}{\mathrm{d}x}=\omega$，所以

$$\frac{\mathrm{d}y}{\mathrm{d}x}=\frac{\mathrm{d}y}{\mathrm{d}u}\cdot\frac{\mathrm{d}u}{\mathrm{d}x}=\cos u\cdot\omega=\omega\cos(\omega x+\varphi_0)$$

例 2-2-9 设 $y=(x^3-2)^5$，求 $\dfrac{\mathrm{d}y}{\mathrm{d}x}$.

解 $y=(x^3-2)^5$ 是由 $y=u^5$ 与 $u=x^3-2$ 复合而成，而 $\dfrac{\mathrm{d}y}{\mathrm{d}u}=5u^4,\dfrac{\mathrm{d}u}{\mathrm{d}x}=3x^2$，所以

$$\frac{\mathrm{d}y}{\mathrm{d}x}=\frac{\mathrm{d}y}{\mathrm{d}u}\cdot\frac{\mathrm{d}u}{\mathrm{d}x}=5u^4\cdot 3x^2=15x^2(x^3-2)^4$$

例 2-2-10 设 $y=\ln\tan x$,求 y'.

解 $y'=(\ln\tan x)'=\dfrac{1}{\tan x}\cdot(\tan x)'=\dfrac{1}{\tan x}\cdot\sec^2 x=\dfrac{1}{\sin x\cos x}$

例 2-2-11 设 $y=\sin^2 3x$,求 y'.

解 $y'=(\sin^2 3x)'=2\sin 3x\cdot(\sin 3x)'=2\sin 3x\cos 3x\cdot(3x)'$
$=6\sin 3x\cos 3x=3\sin 6x$

例 2-2-12 设 $y=\ln[\ln(\ln x)]$,求 y'.

解 $y'=\{\ln[\ln(\ln x)]\}'=\dfrac{1}{\ln(\ln x)}[\ln(\ln x)]'$

$=\dfrac{1}{\ln(\ln x)}\cdot\dfrac{1}{\ln x}\cdot(\ln x)'=\dfrac{1}{x\ln x\cdot\ln(\ln x)}$

**例 2-2-13 设 $y=\sin nx\cdot\sin^n x$(n 为常数),求 y'.

解 $y'=(\sin nx\cdot\sin^n x)'=(\sin nx)'\sin^n x+\sin nx(\sin^n x)'$
$=n\cos nx\cdot\sin^n x+n\sin nx\cdot\sin^{n-1}x\cdot\cos x$
$=n\sin^{n-1}x(\cos nx\cdot\sin x+\sin nx\cdot\cos x)$
$=n\sin^{n-1}x\sin(n+1)x$

例 2-2-14 设 $y=\ln(x+\sqrt{x^2+a^2})$($a>0$),求 y'.

解 $y'=\dfrac{1}{x+\sqrt{x^2+a^2}}(x+\sqrt{x^2+a^2})$

$=\dfrac{1}{x+\sqrt{x^2+a^2}}\cdot\left(x+\dfrac{2x}{\sqrt{x^2+a^2}}\right)$

$=\dfrac{1}{\sqrt{x^2+a^2}}$

2.2.3 反函数求导法则

定理 2-2-3 如果函数 $x=\varphi(y)$ 在某一区间内单调、可导,且 $\varphi'(y)\neq0$,则它的反函数 $y=f(x)$ 在对应区间内也可导,且

$$f'(x)=\frac{1}{\varphi'(y)}$$

或记作

$$\frac{\mathrm{d}y}{\mathrm{d}x}=\frac{1}{\dfrac{\mathrm{d}x}{\mathrm{d}y}}$$

**证 据可导必连续知,$x=\varphi(y)$ 在某区间内单调连续,其反函数 $y=f(x)$ 在相应的区间内也必单调连续.

当 x 有改变量 $\Delta x(\Delta x\neq0)$ 时,由 $y=f(x)$ 的单调性可知
$$\Delta y=f(x+\Delta x)-f(x)\neq0$$
于是有

$$\frac{\Delta y}{\Delta x}=\frac{1}{\dfrac{\Delta x}{\Delta y}}$$

又由 $y=f(x)$ 的连续性知,当 $\Delta x\rightarrow 0$ 时必有 $\Delta y\rightarrow 0$,再由假设函数 $x=\varphi(y)$ 可导,且 $\varphi'(y)\neq 0$,于是有

$$\lim_{\Delta x\rightarrow 0}\frac{\Delta y}{\Delta x}=\lim_{\Delta x\rightarrow 0}\frac{1}{\frac{\Delta x}{\Delta y}}=\frac{1}{\varphi'(y)}$$

因此

$$f'(x)=\frac{1}{\varphi'(y)}$$

证毕.

例 2-2-15　求 $y=\arcsin x(-1<x<1)$ 的导数.

解　$y=\arcsin x$ 是 $x=\sin y$ 的反函数,$x=\sin y$ 在区间 $\left(-\frac{\pi}{2},\frac{\pi}{2}\right)$ 内单调、可导,且 $\frac{dx}{dy}=\cos y>0$,因此在对应区间 $(-1,1)$ 内有

$$\frac{dy}{dx}=\frac{1}{\frac{dx}{dy}}=\frac{1}{\cos y}=\frac{1}{1+\sin^2 y}=\frac{1}{\sqrt{1+x^2}}$$

即

$$(\arcsin x)'=\frac{1}{\sqrt{1-x^2}}\quad(-1<x<1)$$

类似地,得

$$(\arccos x)'=-\frac{1}{\sqrt{1-x^2}}\quad(-1<x<1)$$

例 2-2-16　设 $y=\arctan x(-\infty<x<+\infty)$,求 y'.

解　$y=\arctan x$ 是 $x=\tan y$ 的反函数,$x=\tan y$ 在区间 $\left(-\frac{\pi}{2},\frac{\pi}{2}\right)$ 内单调、可导,且 $\frac{dx}{dy}=\sec^2 y>0$,因此在定义区间 $(-\infty,+\infty)$ 内有

$$\frac{dy}{dx}=\frac{1}{\frac{dx}{dy}}=\frac{1}{\sec^2 y}=\frac{1}{1+\tan^2 y}=\frac{1}{1+x^2}$$

即

$$(\arctan x)'=\frac{1}{1+x^2}\quad(-\infty<x<+\infty)$$

类似地,得

$$(\text{arccot} x)'=-\frac{1}{1+x^2}\quad(-\infty<x<+\infty)$$

例 2-2-17　设 $y=a^x(a>0,a\neq 0)$,求 y'.

解　$y=a^x$ 是 $x=\log_a y$ 的反函数,而 $x=\log_a y$ 在区间 $(0,+\infty)$ 内单调、可导,且 $\frac{dx}{dy}=\frac{1}{y\ln a}\neq 0$,因此在对应的区间 $(-\infty,+\infty)$ 内有

$$\frac{dy}{dx}=\frac{1}{\frac{dy}{dx}}=y\ln a=a^x\cdot\ln a$$

即

$$(a^x)' = a^x \cdot \ln a \quad (-\infty < x < +\infty)$$

当 $a = \mathrm{e}$ 时,得

$$(\mathrm{e}^x)' = \mathrm{e}^x \quad (-\infty < x < +\infty)$$

例 2-2-18　设 $y = \mathrm{e}^{2x} + \mathrm{e}^{\frac{1}{x}}$,求 y'.

解　$y' = \mathrm{e}^{2x} \cdot (2x)' + \mathrm{e}^{\frac{1}{x}} \cdot \left(\dfrac{1}{x}\right)' = 2\mathrm{e}^{2x} - \dfrac{1}{x^2}\mathrm{e}^{\frac{1}{x}}$

**例 2-2-19　设 $y = \mathrm{sh}x$,求 y'.

解　由定义 $\mathrm{sh}x = \dfrac{\mathrm{e}^x - \mathrm{e}^{-x}}{2}$,$\mathrm{ch}x = \dfrac{\mathrm{e}^x + \mathrm{e}^{-x}}{2}$ 得

$$y' = (\mathrm{sh}x)' = \left(\frac{\mathrm{e}^x - \mathrm{e}^{-x}}{2}\right)' = \frac{\mathrm{e}^x + \mathrm{e}^{-x}}{2} = \mathrm{ch}x$$

即

$$(\mathrm{sh}x)' = \mathrm{ch}x$$

类似地,得

$$(\mathrm{ch}x)' = \mathrm{sh}x$$

**例 2-2-20　设 $y = x^\mu$(μ 为实数),求 y'.

解　$y = x^\mu = \mathrm{e}^{\ln x^\mu} = \mathrm{e}^{\mu \ln x}$,由复合函数的求导法则,得

$$y' = (\mathrm{e}^{\mu \ln x})' = \mathrm{e}^{\mu \ln x}(\mu \ln x)' = x^\mu \cdot \mu \cdot \frac{1}{x} = \mu x^{\mu-1}$$

即

$$(x^\mu)' = \mu x^{\mu-1}$$

在以上计算过程中,假定了 $x > 0$. 实际上可以证明对于 $x \leqslant 0$,上述公式仍成立.

例 2-2-21　设 $y = \arcsin x^3$,求 y'.

解　$y' = (\arcsin x^3)' = \dfrac{1}{\sqrt{1-(x^3)^2}} \cdot (x^3)' = \dfrac{3x^2}{\sqrt{1-x^6}}$

例 2-2-22　设 $y = 2^{\arctan x}$,求 y'.

解　$y' = (2^{\arctan x})' = 2^{\arctan x} \cdot \ln 2 \cdot (\arctan x)'$

$$= 2^{\arctan x} \cdot \ln 2 \cdot \frac{1}{1+x^2} = \frac{\ln 2 \cdot 2^{\arctan x}}{1+x^2}$$

2.2.4　初等函数的导数

为了方便查阅,我们将前面已学过的导数公式和求导法则归纳如下.

1. 基本初等函数的导数公式

(1) $C' = 0$(C 是常数)　　　　　　　(2) $(x^\mu)' = \mu x^{\mu-1}$

(3) $(\log_a x)' = \dfrac{1}{x\ln a}$　　　　　　　(4) $(\ln x)' = \dfrac{1}{x}$

(5) $(a^x)' = a^x \ln a$　　　　　　　　(6) $(\mathrm{e}^x)' = \mathrm{e}^x$

(7) $(\sin x)' = \cos x$　　　　　　　　(8) $(\cos x)' = -\sin x$

(9) $(\tan x)' = \dfrac{1}{\cos^2 x} = \sec^2 x$ 　　　　(10) $(\cot x)' = -\dfrac{1}{\sin x} = -\csc^2 x$

(11) $(\sec x)' = \sec x \tan x$ 　　　　　　(12) $(\csc x)' = -\csc x \cot x$

(13) $(\arcsin x)' = \dfrac{1}{\sqrt{1-x^2}}$ 　　　　(14) $(\arccos x)' = -\dfrac{1}{\sqrt{1-x^2}}$

(15) $(\arctan x)' = \dfrac{1}{1+x^2}$ 　　　　　(16) $(\operatorname{arccot} x)' = -\dfrac{1}{1+x^2}$

2. 函数和、差、积、商的求导法则

(1) $[u(x) \pm v(x)]' = u'(x) \pm v'(x)$

(2) $[u(x) \cdot v(x)]' = u'(x)v(x) + u(x)v'(x)$

(3) $[Cu(x)]' = C \cdot u'(x)$（C 为常数）

(4) $\left[\dfrac{u(x)}{v(x)}\right]' = \dfrac{u'(x)v(x) - u(x)v'(x)}{v^2(x)}$, 　$v(x) \neq 0$

3. 复合函数求导法则

设 $y = f(u), u = \varphi(x)$，则复合函数 $y = f[\varphi(x)]$ 的导数为

$$\frac{\mathrm{d}y}{\mathrm{d}x} = \frac{\mathrm{d}y}{\mathrm{d}u} \cdot \frac{\mathrm{d}u}{\mathrm{d}x}$$

或

$$\{f[\varphi(x)]\}' = f'(u) \cdot \varphi'(x)$$

4. 反函数的求导法则

设 $y = f(x)$ 的反函数为 $x = \varphi(y)$，则

$$f'(x) = \frac{1}{\varphi'(y)} \quad (\varphi'(y) \neq 0)$$

或

$$\frac{\mathrm{d}y}{\mathrm{d}x} = \frac{1}{\dfrac{\mathrm{d}x}{\mathrm{d}y}} \quad \left(\frac{\mathrm{d}x}{\mathrm{d}y} \neq 0\right)$$

** 下面介绍对数求导法，它可用于解决两种类型函数的求导问题.

(1) 求函数 $y = f(x)^{g(x)}$（这种形式的函数称为幂指函数）的导数.

例 2-2-23　设 $y = x^{\sin x}$ $(x > 0)$，求 y'.

解　对 $y = x^{\sin x}$ 两端取自然对数，得

$$\ln y = \sin x \ln x$$

上式两端对 x 求导（注意左端 y 是 x 的函数），得

$$\frac{1}{y} \cdot y' = \cos x \ln x + \frac{\sin x}{x}$$

于是得 　　　$y' = y\left(\cos x \ln x + \dfrac{\sin x}{x}\right) = x^{\sin x}\left(\cos x \ln x + \dfrac{\sin x}{x}\right)$

例 2-2-24　设 $y = (\arctan x)^x$ $(x > 0)$，求 y'.

解　对 $y=(\arctan x)^x$ 两端取自然对数,得

$$\ln y = x\ln\arctan x$$

上式两端对 x 求导(注意到左端 y 是 x 的函数),得

$$\frac{1}{y}\cdot y' = \ln\arctan x + x\cdot\frac{1}{\arctan x}\cdot\frac{1}{1+x^2}$$

于是得

$$y' = y\left[\ln\arctan x + \frac{x}{(1+x^2)\arctan x}\right]$$

$$= (\arctan x)^x\left[\ln\arctan x + \frac{x}{(1+x^2)\arctan x}\right]$$

(2) 由多个因子的积、商、乘方、开方复合而成的函数的求导问题.

例 2-2-25　设 $y=(x-1)\sqrt[3]{(3x+1)^2(x-2)}$,求 y'.

解　两端取对数,得

$$\ln y = \ln(x-1) + \frac{2}{3}\ln(3x+1) + \frac{1}{3}\ln(x-2)$$

上式两端对 x 求导,得

$$\frac{1}{y}\cdot y' = \frac{1}{x-1} + \frac{2}{3}\cdot\frac{3}{3x+1} + \frac{1}{3}\cdot\frac{1}{x-2}$$

于是得　　$y' = (x-1)\sqrt[3]{(3x+1)^2(x-2)}\left[\frac{1}{x-2} + \frac{2}{3x+1} + \frac{1}{3(x-2)}\right]$

2.3　高 阶 导 数

定义 2-3-1　函数 $y=f(x)$ 的导数 $f'(x)$ 仍是 x 的函数,如果它也可导,则称 $f'(x)$ 的导数为 $y=f(x)$ 的**二阶导数**.相应地称 $f'(x)$ 为 $y=f(x)$ 的**一阶导数**.二阶导数记作

$$y'',\ f''(x),\ \frac{\mathrm{d}^2 y}{\mathrm{d}x^2}\quad 或\quad \frac{\mathrm{d}^2 f}{\mathrm{d}x^2}$$

类似地,如果 $f''(x)$ 可导,则称二阶导数的导数为 $f(x)$ 的三阶导数,记作

$$y''',\ f'''(x),\ \frac{\mathrm{d}^3 y}{\mathrm{d}x^3}\quad 或\quad \frac{\mathrm{d}^3 f}{\mathrm{d}x^3}$$

一般地,如果 $y=f(x)$ 的 $(n-1)$ 阶导数仍可导,则称 $(n-1)$ 阶导数的导数为 $f(x)$ 的 n 阶导数,记作

$$y^{(n)},\ f^{(n)}(x),\ \frac{\mathrm{d}^n y}{\mathrm{d}x^n}\quad 或\quad \frac{\mathrm{d}^n f}{\mathrm{d}x^n}$$

于是,根据定义有

$$y^{(n)} = \left[y^{(n-1)}\right]',\quad f^{(n)}(x) = \left[f^{(n-1)}(x)\right]'$$

或

$$\frac{\mathrm{d}^n f}{\mathrm{d}x^n} = \frac{\mathrm{d}}{\mathrm{d}x}\left(\frac{\mathrm{d}^{n-1} f}{\mathrm{d}x^{n-1}}\right)$$

函数 $f(x)$ 具有 n 阶导数,也常称函数 $f(x)$ n 阶可导.二阶或二阶以上的导数统称为**高阶导数**.求高阶导数可应用以前学过的求导方法,只要逐步求导即可.

二阶导数有明显的力学意义.例如,若质点作变速直线运动的距离函数为 $s=s(t)$,则速

度 $v(t)=s'(t)$，而加速度 $a(t)=v'(t)=[s'(t)]'=s''(t)$，即加速度是距离函数 $f=s(t)$ 对时间 t 的二阶导数.

例 2-3-1 设一质点作简谐运动，其运动规律为 $s=A\sin\omega t$（A,ω 是常数），求该质点在时刻 t 的速度和加速度.

解 $v(t)=\dfrac{\mathrm{d}s}{\mathrm{d}t}=A\omega\cos\omega t$

$a(t)=\dfrac{\mathrm{d}^2 s}{\mathrm{d}t^2}=-A\omega^2\sin\omega t$

例 2-3-2 设函数 $f(x)=\arctan x$，求 $f''(0),f'''(0)$.

解 $f'(x)=\dfrac{1}{1+x^2}$

$f''(x)=\dfrac{-2x}{(1+x^2)^2}$

$f'''(x)=\dfrac{2(3x^2-1)}{(1+x^2)^3}$

由此，得

$$f''(0)=\dfrac{-2x}{(1+x^2)^2}\bigg|_{x=0}=0$$

$$f'''(0)=\dfrac{2(3x^2-1)}{(1+x^2)^3}\bigg|_{x=0}=-2$$

例 2-3-3 设 $y=\mathrm{e}^x$，求 $y^{(n)}$.

解 由 $(\mathrm{e}^x)'=\mathrm{e}^x$ 得 $y^{(n)}=\mathrm{e}^x$.

例 2-3-4 设 $y=a^x$，求 $y^{(n)}$.

解 $y'=a^x\ln a,y''=a^x(\ln a)^2,\cdots,y^{(n)}=a^x(\ln a)^n$

例 2-3-5 求 $y=\sin x$ 的 n 阶导数.

解 $y'=\cos x=\sin\left(x+\dfrac{\pi}{2}\right)$

$y''=\left[\sin\left(x+\dfrac{\pi}{2}\right)\right]'=\cos\left(x+\dfrac{\pi}{2}\right)=\sin\left(x+2\cdot\dfrac{\pi}{2}\right)$

$y'''=\left[\sin\left(x+2\cdot\dfrac{\pi}{2}\right)\right]'=\cos\left(x+2\cdot\dfrac{\pi}{2}\right)=\sin\left(x+3\cdot\dfrac{\pi}{2}\right)$

$\vdots$

$y^{(n)}=(\sin x)^n=\sin\left(x+n\cdot\dfrac{\pi}{2}\right)$

同理，得

$$(\cos x)^{(n)}=\cos\left(x+n\cdot\dfrac{\pi}{2}\right)$$

例 2-3-6 求 $y=\ln(1+x)$ 的 n 阶导数.

解 $y'=\dfrac{1}{1+x}=(1+x)^{-1}$

$y''=\left[(1+x)^{-1}\right]'=-1\cdot(1+x)^{-2}$

$$y''' = [-1(1+x)^{-2}]' = (-1) \cdot (-2)(1+x)^{-3}$$

$$\vdots$$

$$y^{(n)} = (-1)^{n-1}(n-1)!(1+x)^{-n} = \frac{(-1)^{n-1}(n-1)!}{(1+x)^n}$$

2.4　隐函数及参数方程所确定的函数的导数

2.4.1　隐函数求导法

前面所遇到的函数 y 都可由自变量的解析式 $y=f(x)$ 来表示,这种函数称为**显函数**.

若变量 x 与 y 之间的函数关系是由方程

$$F(x,y) = 0$$

所确定,那么称这种函数为方程 $F(x,y)=0$ 所确定的**隐函数**.例如,在方程 $4x-y^3=1$ 中,给 x 以任一确定值,相应地可确定 y 值,从而由方程确定了函数 $y=f(x)$,这个函数称为由方程 $4x-y^3=1$ 所确定的隐函数.把一个隐函数转化成显函数,称为隐函数的显化.例如,由方程 $4x-y^3=1$ 所确定的隐函数,可由方程解出 y,得显函数 $y=\sqrt[3]{4x-1}$.但是,并不是所有的隐函数都可以显化的.例如,方程 $xy-e^x+e^y=0$ 所确定的隐函数就不能显化.

隐函数求导法,就是以不管隐函数能否显化,直接在方程 $F(x,y)=0$ 的两端对 x 求导,由此得到隐函数的求导.下面举例说明.

例 2-4-1　求由方程 $xy-e^x+e^y=0$ 所确定的隐函数的导数 $\dfrac{\mathrm{d}y}{\mathrm{d}x}$,并求 $\dfrac{\mathrm{d}y}{\mathrm{d}x}\Big|_{x=0}$.

解　由于 e^y 可看做以 y 为中间变量的复合函数,因此运用复合函数求导法则,在方程两端对 x 求导,得

$$y + xy' - e^x + e^y \cdot y' = 0$$

于是有

$$y' = \frac{e^x - y}{x + e^y} \quad (x + e^y \neq 0)$$

为求 $y'|_{x=0}$,先把 $x=0$ 代入方程 $xy-e^x+e^y=0$,得 $y(0)=0$,所以

$$y'|_{x=0} = \left(\frac{e^x - y}{x + e^y}\right)\Big|_{\substack{x=0 \\ y=0}} = 1$$

例 2-4-2　求方程 $x^2+xy+y^2=4$ 确定的曲线上的点 $(2,-2)$ 处的切线方程与法线方程.

解　方程两端对 x 求导,得

$$2x + y + xy' + 2yy' = 0$$

从而

$$y' = -\frac{2x + y}{x + 2y} \quad (x + 2y \neq 0)$$

故曲线在点 $(2,-2)$ 处切线的斜率为

$$k = y'\big|_{\substack{x=2 \\ y=-2}} = 1$$

切线的方程为

$$y - (-2) = 1 \cdot (x - 2)$$

即

$$y = x - 4$$

在点 $(2, -2)$ 处法线方程为

$$y - (-2) = -1 \cdot (x - 2)$$

即

$$y = -x$$

2.4.2　由参数方程所确定的函数的求导法

**在力学中讨论物体运动的轨迹时,经常要用到参数方程. 例如,把物体以初速度 v_0、仰角为 φ 抛射出去,如果空气阻力忽略不计,则抛射运动的轨迹可表示为

$$\begin{cases} x = (v_0 \cos\varphi)t \\ y = (v_0 \sin\varphi)t - \dfrac{1}{2}gt^2 \end{cases} \tag{2-3}$$

其中, t 是物体运动的时间; g 是重力加速度; x 和 y 分别是运动物体在垂直平面上的位置的横坐标和纵坐标,如图 2.5 所示.

在式(2-3)中, x 和 y 都是 t 的函数,因此 x 与 y 之间通过 t 发生联系,从而 y 与 x 之间有函数关系. 消去式(2-3)中的 t,得

$$y = \tan\varphi \cdot x - \frac{\sec^2\varphi}{2xv_0^2}x^2$$

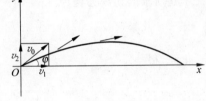

图　2.5

这就是参数方程(2-3)所确定的函数的显式表示.

一般来说,如果参数方程

$$\begin{cases} x = \varphi(t) \\ y = \psi(t) \end{cases} \quad (\alpha \leqslant t \leqslant \beta) \tag{2-4}$$

确定了 y 是 x 的函数,则称此函数为由参数方程所确定的函数. 下面讨论这种函数的求导方法.

在式(2-4)中,如果 $x = \varphi(t)$ 存在反函数 $t = \widetilde{\varphi}(x)$,则参数方程所确定的函数 y 可视为由 $y = \psi(t), t = \widetilde{\varphi}(x)$ 复合而成的函数,即 $y = \psi[\widetilde{\varphi}(x)]$. 如果 $x = \varphi(t)$ 与 $y = \psi(t)$ 均可导,且 $\varphi'(t) \neq 0$,于是由复合函数与反函数的求导法则,得

$$\frac{\mathrm{d}y}{\mathrm{d}x} = \frac{\mathrm{d}y}{\mathrm{d}t} \cdot \frac{\mathrm{d}t}{\mathrm{d}x} = \psi'(t) \cdot \frac{1}{\varphi'(t)} = \frac{\psi'(t)}{\varphi'(t)}$$

这就是由参数方程所确定的函数的求导公式.

**如果 $x = \varphi(t), y = \psi(t)$ 具有二阶导数,那么从上式又可得

$$\frac{\mathrm{d}^2 y}{\mathrm{d}x^2} = \frac{\mathrm{d}}{\mathrm{d}x}\left(\frac{\mathrm{d}y}{\mathrm{d}x}\right) = \frac{\mathrm{d}\left(\dfrac{\psi'(t)}{\varphi'(t)}\right)}{\mathrm{d}x} = \frac{\mathrm{d}\left(\dfrac{\psi'(t)}{\varphi'(t)}\right)}{\mathrm{d}t} \cdot \frac{\mathrm{d}t}{\mathrm{d}x}$$

$$= \frac{\mathrm{d}\left(\dfrac{\psi'(t)}{\varphi'(t)}\right)}{\mathrm{d}t} \cdot \frac{1}{\dfrac{\mathrm{d}x}{\mathrm{d}t}} = \frac{\left(\dfrac{\psi'(t)}{\varphi'(t)}\right)'}{\varphi'(t)}$$

例 2-4-3　求由方程 $\begin{cases} x = a\cos t \\ y = b\sin t \end{cases}(0 \leqslant t \leqslant 2\pi)$ 所确定的函数的一阶导数 $\dfrac{\mathrm{d}y}{\mathrm{d}x}$ 及二阶导数 $\dfrac{\mathrm{d}^2 y}{\mathrm{d}x^2}$.

解　由参数方程的求导公式,得

$$\frac{\mathrm{d}y}{\mathrm{d}x} = \frac{(b\sin t)'}{(a\cos t)'} = \frac{b\cos t}{a\sin t} = -\frac{b}{a}\cot t$$

$$\frac{\mathrm{d}^2 y}{\mathrm{d}x^2} = \frac{\left[-\dfrac{b}{a}\cot t\right]'}{(a\cos t)'} = \frac{\dfrac{b}{a}\csc^2 t}{-a\sin t} = -\frac{b}{a^2\sin^3 t}$$

例 2-4-4　求摆线 $\begin{cases} x = a(t - \sin t) \\ y = a(1 - \cos t) \end{cases}$ 在 $t = \dfrac{\pi}{2}$ 处的切线方程和法线方程.

解　由参数方程的求导公式,得

$$\frac{\mathrm{d}y}{\mathrm{d}x} = \frac{[a(1 - \cos t)]'}{[a(t - \sin t)]'} = \frac{\sin t}{1 - \cos t} = \cot\frac{t}{2}$$

当 $t = \dfrac{\pi}{2}$ 时, $x = a\left(\dfrac{\pi}{2} - 1\right)$, $y = a$, 摆线上点 $\left(a\left(\dfrac{\pi}{2} - 1\right), a\right)$ 处切线斜率为

$$k = \frac{\mathrm{d}y}{\mathrm{d}x}\bigg|_{t=\frac{\pi}{2}} = \cot\frac{t}{2}\bigg|_{t=\frac{\pi}{2}} = 1$$

于是所求的切线方程为

$$y - a = x - a\left(\frac{\pi}{2} - 1\right)$$

化简,得

$$y - x + \frac{a\pi}{2} - 2a = 0$$

法线方程为

$$y - a = -x + a\left(\frac{\pi}{2} - 1\right)$$

化简,得

$$y + x - \frac{a\pi}{2} = 0$$

2.5　微分及其在近似计算中的应用

2.5.1　微分概念

例 2-5-1　一金属正方形薄片,当其受热时,其边长由 x_0 变到 $x_0 + \Delta x$($|\Delta x|$ 很小),如图 2.6 所示,求其面积 A 的改变量的近似值.

解　边长为 x 的正方形薄片的面积 $A = x^2$,当边长从 x_0 变到 $x_0 + \Delta x$ 时,面积 A 相应的改变量为

$$\Delta A = (x_0 + \Delta x)^2 - x^2 = 2x_0\Delta x + (\Delta x)^2$$

ΔA 由两部分组成:

① $2x_0\Delta x$ 是 Δx 的线性函数;

② $(\Delta x)^2$ 是比 Δx 高阶的无穷小(当 $\Delta x \to 0$ 时).

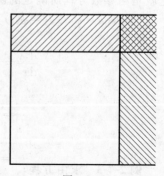

图　2.6

所以, 当 $|\Delta x|$ 很小时, 可以略去 $(\Delta x)^2$, 仅用第一部分 Δx 的线性函数 $2x_0\Delta x$ 作为 ΔA 的近似值, 即

$$\Delta A \approx 2x_0\Delta x$$

由此我们引进微分概念.

定义 2-5-1 若函数 $y = f(x)$ 在 x_0 处的改变量 Δy 可以表示为 Δx 的线性函数 $A\Delta x$(A 是不依赖于 Δx 的常数) 与一个比 Δx 高阶的无穷小 $o(\Delta x)$ 之和, 即

$$\Delta y = A\Delta x + o(\Delta x)$$

则称函数 $f(x)$ 在点 x_0 处**可微**, 其中 $A \cdot \Delta x$ 称为函数 $f(x)$ 在 x_0 处的**微分**, 记作 $\mathrm{d}y|_{x=x_0}$, 即

$$\mathrm{d}y\,|_{x=x_0} = A\Delta x$$

函数的微分 $A\Delta x$ 是线性函数, 且与函数的改变量 Δy 相差一个比 Δx 高阶的无穷小. 当 $A \neq 0$ 时, 它是 Δy 的主要部分, 所以也称微分 $\mathrm{d}y$ 是改变量 Δy 的线性主部; 当 $|\Delta x|$ 很小时, 就可以用微分 $\mathrm{d}y$ 作为改变量 Δy 的近似值.

下面讨论函数 $f(x)$ 在点 x_0 处可微的关系.

如果函数 $f(x)$ 在点 x_0 处可微, 则按定义有

$$\Delta y = A\Delta x + o(\Delta x)$$

上式两端除以 Δx, 在 $\Delta x \to 0$ 时取极限, 得

$$\lim_{\Delta x \to 0} \frac{\Delta y}{\Delta x} = \lim_{\Delta x \to 0} \left(A + \frac{o(\Delta x)}{\Delta x} \right) = A$$

即

$$A = f'(x_0)$$

这说明, 若函数 $f(x)$ 在点 x_0 处可微, 则 $f(x)$ 在点 x_0 处也一定可导, 且 $f'(x_0) = A$.

反之, 如果 $f(x)$ 在点 x_0 可导, 即

$$\lim_{\Delta x \to 0} \frac{\Delta y}{\Delta x} = f'(x_0)$$

存在, 根据极限与无穷小的关系, 上式可写成

$$\frac{\Delta y}{\Delta x} = f'(x_0) + a$$

其中, a 在 $\Delta x \to 0$ 时为无穷小, 因此

$$\Delta y = f'(x_0) \cdot \Delta x + a\Delta x$$

这里 $f'(x_0)$ 是不依赖于 Δx 的常数, $a\Delta x$ 是当 $\Delta x \to 0$ 时比 Δx 高阶的无穷小. 所以按微分的定义, $f(x)$ 在点 x_0 处是可微的.

由此可见, 函数 $f(x)$ 在点 x_0 处可导与可微是等价的, 且函数 $f(x)$ 在点 x_0 处的微分可写作

$$\mathrm{d}y\,|_{x=x_0} = f'(x_0)\Delta x$$

由于自变量 x 的微分 $\mathrm{d}x = (x)'\Delta x = \Delta x$, 所以 $f(x_0)$ 在点 x_0 处的微分又可记作

$$\mathrm{d}y\,|_{x=x_0} = f'(x_0)\mathrm{d}x$$

由上式可得 $f'(x) = \dfrac{\mathrm{d}y}{\mathrm{d}x}$, 因此导数 $\dfrac{\mathrm{d}y}{\mathrm{d}x}$ 可以看做函数的微分 $\mathrm{d}y$ 与自变量的微分 $\mathrm{d}x$ 的商, 故导数也称**微商**.

例 2-5-2　求函数 $y=x^2+1$ 在 $x=1$ 处的微分.

解　函数 $y=x^2+1$ 在 $x=1$ 处的微分为

$$\mathrm{d}y=(x^2+1)'\,|_{x=1}\mathrm{d}x=2\mathrm{d}x$$

例 2-5-3　求函数 $y=x^3$ 当 $x=2,\Delta x=0.02$ 时的微分.

解　先求函数在任意点 x 处的微分:

$$\mathrm{d}y=(x^3)'\mathrm{d}x=3x^2\mathrm{d}x$$

再求函数 $y=x^3$ 当 $x=2,\Delta x=0.02$ 时的微分. 由于 $\mathrm{d}x=\Delta x$, 所以

$$\mathrm{d}y\Big|_{\substack{x=2\\ \Delta x=0.02}}=3x^2\Delta x\Big|_{\substack{x=2\\ \Delta x=0.02}}=3\times2^2\times0.02=0.24$$

**下面给出微分的几何意义, 如图 2.7 所示.

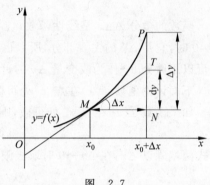

函数 $y=f(x)$ 的图形是一条曲线, 当自变量 x 由 x_0 变到 $x_0+\Delta x$ 时, 曲线对应地由点 $M(x_0,y_0)$ 变到点 $P(x_0+\Delta x,y_0+\Delta y)$. 从图 2.7 可知, $MN=\Delta x,NP=\Delta y$. 过点 M 作切线 MT, 它的倾角为 θ, 则 $NT=MN\cdot\tan\theta=f'(x_0)\cdot\Delta x$, 即 $\mathrm{d}y=NT$.

于是函数 $y=f(x)$ 在点 x_0 处的微分, 就是函数 $y=f(x)$ 在点 $M(x_0,y_0)$ 处的切线 MT, 当横坐标由 x_0 变到 $x_0+\Delta x$ 时, 其对应的纵坐标的改变量. 因此, 用函数的微分 $\mathrm{d}y$ 近似代替函数的改变量

图　2.7

Δy, 就是用 M 点处切线上纵坐标的改变量 NT 近似代替曲线纵坐标的改变量 NP, 并且有 $\Delta y=\mathrm{d}y=TP$. TP 是比 Δx 高阶的无穷小(当 $\Delta x\to0$ 时).

2.5.2　微分的运算法则

根据微分的定义, 要计算函数 $y=f(x)$ 的微分, 只须求出它的导数 $f'(x)$, 然后再乘以 $\mathrm{d}x$ 即可. 根据导数公式和导数的运算法则, 就能得到相应的微分公式和微分运算法则.

1. 基本初等函数的微分公式

(1) $\mathrm{d}C=0$

(2) $\mathrm{d}x^\mu=\mu x^{\mu-1}\mathrm{d}x$

(3) $\mathrm{d}\log_a x=\dfrac{1}{x\ln a}\mathrm{d}x$

(4) $\mathrm{d}\ln x=\dfrac{1}{x}\mathrm{d}x$

(5) $\mathrm{d}a^x=a^x\ln a\mathrm{d}x$

(6) $\mathrm{d}e^x=e^x\mathrm{d}x$

(7) $\mathrm{d}\sin x=\cos x\mathrm{d}x$

(8) $\mathrm{d}\cos x=-\sin x\mathrm{d}x$

(9) $\mathrm{d}\tan x=\sec^2 x\mathrm{d}x$

(10) $\mathrm{d}\cot x=-\csc^2 x\mathrm{d}x$

(11) $\mathrm{d}\sec x=\sec x\tan x\mathrm{d}x$

(12) $\mathrm{d}\csc x=-\csc x\tan x\mathrm{d}x$

(13) $\mathrm{d}\arcsin x=\dfrac{1}{\sqrt{1-x^2}}\mathrm{d}x$

(14) $\mathrm{d}\arccos x=-\dfrac{1}{\sqrt{1-x^2}}\mathrm{d}x$

(15) $\mathrm{d}\arctan x=\dfrac{1}{1+x^2}\mathrm{d}x$

(16) $\mathrm{d}\text{arccot}\,x=-\dfrac{1}{1+x^2}\mathrm{d}x$

2. 函数的和、差、积、商的微分法则

(1) $\mathrm{d}[u(x)\pm v(x)]=\mathrm{d}u(x)\pm\mathrm{d}v(x)$

(2) $\mathrm{d}[u(x)v(x)] = v(x)\mathrm{d}u(x) + u(x)\mathrm{d}v(x)$

(3) $\mathrm{d}[Cu(x)] = C\mathrm{d}u(x)$ （C 为常数）

(4) $\mathrm{d}\left[\dfrac{u(x)}{v(x)}\right] = \dfrac{v(x)\mathrm{d}u(x) - u(x)\mathrm{d}v(x)}{v^2(x)}(v(x) \neq 0)$

3. 复合函数的微分法则

设函数 $y = f(u), u = \varphi(x)$，由复合函数的求导法则得复合函数 $y = f[\varphi(x)]$ 的微分为

$$\mathrm{d}y = f'(u)\varphi'(x)\mathrm{d}x$$

由于 $\mathrm{d}u = \varphi'(x)\mathrm{d}x$，所以上式也可以写成

$$\mathrm{d}y = f'(u)\mathrm{d}u$$

上式表明，无论 u 是自变量还是中间变量，函数 $y = f(u)$ 的微分形式总是 $\mathrm{d}y = f'(u)\mathrm{d}u$，这个性质称为**一阶微分形式的不变性**.

例 2-5-4 $y = \cos\sqrt{x}$，求 $\mathrm{d}y$.

解 把 $\sqrt{x}$ 看做中间变量 u，则

$$\mathrm{d}y = \mathrm{d}(\cos u) = -\sin u \mathrm{d}u = -\sin\sqrt{x}\mathrm{d}\sqrt{x}$$
$$= -\sin\sqrt{x} \cdot \frac{1}{2\sqrt{x}}\mathrm{d}x = -\frac{1}{2\sqrt{x}}\sin\sqrt{x}\mathrm{d}x$$

在求复合函数的导数时，可以不写出中间变量. 在求复合函数的微分时，类似地，也可以不写中间变量. 下面用这种方法，即一阶微分形式的不变性来求函数的微分.

例 2-5-5 $y = \ln(1 + \mathrm{e}^x)$，求 $\mathrm{d}y$.

解 $\mathrm{d}y = \mathrm{d}[\ln(1 + \mathrm{e}^x)] = \dfrac{1}{1 + \mathrm{e}^x}\mathrm{d}(1 + \mathrm{e}^x) = \dfrac{\mathrm{e}}{1 + \mathrm{e}^x}\mathrm{d}x$

例 2-5-6 $y = \mathrm{e}^{-ax}\sin bx$，求 $\mathrm{d}y$.

解 应用积的微分法则，得

$$\mathrm{d}y = \sin bx\mathrm{d}(\mathrm{e}^{-ax}) + \mathrm{e}^{-ax}\mathrm{d}(\sin bx) = \sin bx \cdot \mathrm{e}^{-ax}\cos bx\mathrm{d}(bx)$$
$$= (-a\sin bx + b\cos bx)\mathrm{e}^{-ax}\mathrm{d}x$$

第3章 中值定理与导数的应用

本章将应用导数研究函数以及曲线的某些性态,并利用这些知识解决一些实际问题,在这些性态的研究工程中微分中值定理起到了桥梁作用.因此本章先介绍三个微分中值定理,它们是导数应用的理论基础.

3.1 微分中值定理

微分中值定理包括罗尔定理、拉格朗日定理和柯西定理.下面分别介绍这三个定理.

3.1.1 罗尔定理

定理 3-1-1(罗尔(Rolle)定理) 设函数 $y=f(x)$ 满足下列条件:

(1) 在闭区间 $[a,b]$ 上连续;

(2) 在开区间 (a,b) 内可导;

(3) $f(a)=f(b)$,

则在开区间 (a,b) 内至少存在一点 ξ,使 $f'(\xi)=0$.

在证明这个定理之前,先说明它的几何意义.

我们知道,导数 $f'(x_0)$ 的几何意义是曲线 $y=f(x)$ 在点 $(x_0,f(x_0))$ 处的切线的斜率.因此,如果连续曲线 $y=f(x)$ 在区间的两个端点上的纵坐标相等,并且除两个端点处有不垂直 x 轴的切线,则在此曲线上至少存在一点 $(\xi,f(\xi))$,曲线在该点处的切线平行于 x 轴,如图 3.1 所示.

定理证明略.

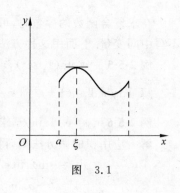

图   3.1

3.1.2 拉格朗日定理

如果函数 $f(x)$ 不满足罗尔定理中的条件 $f(a)=f(b)$,那么由图 3.2 可以看到,当 $f(a)\neq f(b)$ 时,弦 AB 是斜线,此时在连续曲线 $y=f(x)$ 上存在点 $M(\xi,f(\xi))$,曲线在点 M 处的切线平行于弦 AB,曲线在点 M 处切线的斜率为 $f'(\xi)$,弦 AB 的斜率为 $\dfrac{f(b)-f(a)}{b-a}$,因此

$$f'(\xi) = \frac{f(b)-f(a)}{b-a}$$

定理 3-1-2(拉格朗日(Lagrange)定理) 设函数 $f(x)$ 满足下列条件:

(1) 在闭区间 $[a,b]$ 上连续;

(2) 在开区间 (a,b) 内可导,

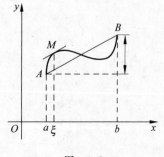

图   3.2

则至少存在一点 $\xi \in (a,b)$，使得

$$f'(\xi) = \frac{f(b) - f(a)}{b - a}$$

定理证明略.

显然，如果在拉格朗日定理中加上条件 $f(a) = f(b)$，那么就成为罗尔定理，因此拉格朗日定理是罗尔定理的推广.

拉格朗日定理有以下两个推论.

推论 1　如果函数 $f(x)$ 在开区间 (a,b) 内的导数恒等于零，则 $f(x)$ 在开区间 (a,b) 内恒等于常数.

证　在开区间 (a,b) 内任取两点 x_1, x_2，不妨设 $x_1 < x_2$，则 $f(x)$ 在闭区间 $[x_1, x_2]$ 内满足拉格朗日定理的条件. 由拉格朗日定理得

$$f(x_2) - f(x_1) = f'(\xi)(x_2 - x_1) \quad (x_1 < \xi < x_2)$$

由于 $f'(x) \equiv 0$，所以 $f'(\xi) = 0$，于是 $f(x_1) = f(x_2)$. 由于 x_1, x_2 是开区间 (a,b) 内的任意两点，而函数 $f(x)$ 在任意两个点上的函数值都相等，从而证明了函数 $f(x)$ 在 (a,b) 内是一个常数. 证毕.

推论 2　如果函数 $f(x)$ 和 $g(x)$ 在开区间 (a,b) 内的导函数处处相等，即 $f'(x) \equiv g'(x)$，则 $f(x)$ 和 $g(x)$ 在开区间 (a,b) 内的差是一个常数，即存在一个常数 C，使得 $f(x) - g(x) = C$，或 $f(x) = g(x) + C$.

证　令 $F(x) = f(x) \cdot g(x)$，则在开区间 (a,b) 内有

$$F'(x) = f'(x) - g'(x) = 0$$

据推论 1 知，$F(x) \equiv C$，所以 $f(x) - g(x) \equiv C$. 证毕.

例 3-1-1　验证函数 $f(x) = \cos x$ 在闭区间 $\left[0, \frac{\pi}{2}\right]$ 内满足拉格朗日定理.

解　因为函数 $f(x) = \cos x$ 在 $\left[0, \frac{\pi}{2}\right]$ 内连续，在 $\left(0, \frac{\pi}{2}\right)$ 内可导，故 $f(x)$ 满足拉格朗日定理的条件，而 $f'(x) = -\sin x$，由

$$f\left(\frac{\pi}{2}\right) - f(0) = f'(\xi) \cdot \frac{\pi}{2} \quad \left(0 < x < \frac{\pi}{2}\right)$$

得

$$0 - 1 = -\sin\xi \cdot \frac{\pi}{2}$$

$$\sin\xi = \frac{2}{\pi}$$

因此

$$\xi = \arcsin\frac{2}{\pi}, \quad \xi \in \left(0, \frac{\pi}{2}\right)$$

3.1.3　柯西定理

作为拉格朗日定理的推广，有如下的定理.

定理 3-1-3（柯西（Cauchy）定理）　设函数 $f(x)$ 和 $g(x)$ 满足下列条件：

(1) 在闭区间 $[a,b]$ 内连续；

(2) 在开区间 (a,b) 内可导，且 $g'(x) \neq 0$，则在开区间 (a,b) 内至少存在一点 ξ，使得

$$\frac{f(b)-f(a)}{g(b)-g(a)}=\frac{f'(\xi)}{g'(\xi)}$$

定理证明略.

在柯西定理中,若取 $g(x)=x$,即得拉格朗日定理,所以柯西定理是拉格朗日定理的推广.

3.2　洛必达法则

第 1 章介绍了当 $x\to x_0$(或 $x\to\infty$)时,两个函数 $f(x)$ 与 $g(x)$ 都趋于零或都趋于无穷大,那么极限 $\lim\limits_{\substack{x\to x_0 \\ (x\to\infty)}}\dfrac{f(x)}{g(x)}$ 有的存在,有的不存在.通常把这种极限称为未定型,并分别用 $\dfrac{0}{0}$ 和 $\dfrac{\infty}{\infty}$ 表示.下面介绍极限的一种有效确定方法——洛必达法则.

3.2.1　$\dfrac{0}{0}$ 或 $\dfrac{\infty}{\infty}$ 未定型的极限

定理 3-2-1(洛必达法则 I)　设函数 $f(x)$ 和 $g(x)$ 在点 x_0 的某一去心邻域内有定义,且满足下列条件:

(1) $\lim\limits_{x\to x_0}f(x)=0$,$\lim\limits_{x\to x_0}g(x)=0$;

(2) $f'(x)$ 和 $g'(x)$ 都存在,且 $g'(x)\neq0$;

(3) $\lim\limits_{x\to x_0}\dfrac{f'(x)}{g'(x)}=A$(或 ∞),

则有

$$\lim_{x\to x_0}\frac{f(x)}{g(x)}=\lim_{x\to x_0}\frac{f'(x)}{g'(x)}=A(\text{或 }\infty)$$

**证　为简单起见,仅讨论 $\lim\limits_{x\to x_0}\dfrac{f(x)}{g(x)}=A$ 的情况,A 为实数.

因为求极限 $\lim\limits_{x\to x_0}\dfrac{f(x)}{g(x)}$ 时,与函数 $f(x)$,$g(x)$ 在点 x_0 处是否有定义无关,所以据条件(1),可设 $f(x_0)=0$,$g(x_0)=0$,于是有

$$\lim_{x\to x_0}f(x)=0=f(x_0),\quad \lim_{x\to x_0}g(x)=0=g(x_0)$$

从而使 $f(x)$ 及 $g(x)$ 在点 x_0 处连续.由条件(1)和条件(2)得 $f(x)$ 及 $g(x)$ 在 x_0 的某一邻域内连续.设 x 是该邻域内的任意一点($x\neq x_0$),那么函数 $f(x)$ 和 $g(x)$ 在闭区间 $[x,x_0]$ 或 $[x_0,x]$ 内满足柯西定理的条件,于是至少存在一点 ξ,使

$$\frac{f(x)}{g(x)}=\frac{f(x)-f(x_0)}{g(x)-g(x_0)}=\frac{f'(\xi)}{g'(\xi)}\quad (\xi\text{ 在 }x_0\sim x\text{ 之间})$$

令 $x\to x_0$,则 $\xi\to x_0$,由条件(3)得

$$\lim_{x\to x_0}\frac{f(x)}{g(x)}=\lim_{x\to x_0}\frac{f'(\xi)}{g'(\xi)}=A$$

把 ξ 改写成 x,得

$$\lim_{x\to x_0}\frac{f(x)}{g(x)}=\lim_{x\to x_0}\frac{f'(x)}{g'(x)}=A$$

上述法则,对于 $x \to \infty$ 时的 $\dfrac{0}{0}$ 未定型同样适用. 证毕.

例 3-2-1　求 $\lim\limits_{x \to \frac{\pi}{2}} \dfrac{\cos x}{x - \dfrac{\pi}{2}}$.

解　本例属 $\dfrac{0}{0}$ 型,用洛必达法则 I,得

$$\lim_{x \to \frac{\pi}{2}} \frac{\cos x}{x - \dfrac{\pi}{2}} = \lim_{x \to \frac{\pi}{2}} \frac{-\sin x}{1} = -1$$

如果 $\dfrac{f'(x)}{g'(x)}$ 当 $x \to x_0$(或 $x \to \infty$)时仍为 $\dfrac{0}{0}$ 未定型,且 $f'(x)$ 与 $g'(x)$ 能满足定理 3-2-1 中的条件,则可继续使用洛必达法则 I.

例 3-2-2　求 $\lim\limits_{x \to x_0} \dfrac{e^x + e^{-x} - 2}{1 - \cos x}$.

解　本例属 $\dfrac{0}{0}$ 型,用洛必达法则 I,得

$$\lim_{x \to x_0} \frac{e^x + e^{-x} - 2}{1 - \cos x} = \lim_{x \to x_0} \frac{e^x + e^{-x}}{\sin x} = \lim_{x \to x_0} \frac{e^x + e^{-x} - 2}{\cos x} = 2$$

其中, $\lim\limits_{x \to x_0} \dfrac{e^x + e^{-x}}{\cos x}$ 不属于 $\dfrac{0}{0}$ 型,因而不能再用洛必达法则 I.

例 3-2-3　求 $\lim\limits_{x \to x_0} \dfrac{\dfrac{\pi}{2} - \arctan x}{x^{-1}}$.

解　本例属 $\dfrac{0}{0}$ 型,用洛必达法则 I,得

$$\lim_{x \to x_0} \frac{\dfrac{\pi}{2} - \arctan x}{x^{-1}} = \lim_{x \to x_0} \frac{-\dfrac{1}{1 + x^1}}{-\dfrac{1}{x^2}} = \lim_{x \to x_0} \frac{x^2}{1 + x^2} = 1$$

对于求 $x \to x_0$(或 $x \to \infty$)时的 $\dfrac{\infty}{\infty}$ 未定型,也有相应的洛必达法则. 例如,当 $x \to x_0$ 时,有如下定理.

定理 3-2-2(洛必达法则 II)　设函数 $f(x)$ 和 $g(x)$ 在 x_0 点的某一去心邻域内有定义,且满足下列条件:

(1) $\lim\limits_{x \to x_0} f(x) = \infty$, $\lim\limits_{x \to x_0} g(x) = \infty$;

(2) $f'(x)$ 和 $g'(x)$ 都存在,且 $g'(x) \neq 0$;

(3) $\lim\limits_{x \to x_0} \dfrac{f'(x)}{g'(x)} = A$(或 ∞),

则

$$\lim_{x \to x_0} \frac{f(x)}{g(x)} = \lim_{x \to x_0} \frac{f'(x)}{g'(x)} = A(\text{或} \infty)$$

例 3-2-4　求 $\lim\limits_{x\to\infty}\dfrac{x}{e^x}$.

解　本例属 $\dfrac{\infty}{\infty}$ 型,用洛必达法则Ⅱ,得

$$\lim_{x\to\infty}\frac{x}{e^x}=\lim_{x\to\infty}\frac{1}{e^x}=0$$

例 3-2-5　求 $\lim\limits_{x\to0^+}\dfrac{\ln\cot x}{\ln x}$.

解　本例属 $\dfrac{\infty}{\infty}$,用洛必达法则Ⅱ,得

$$\lim_{x\to0^+}\frac{\ln\cot x}{\ln x}=\lim_{x\to0^+}\frac{\dfrac{1}{\cot x}\cdot(-\csc^2 x)}{\dfrac{1}{x}}=\lim_{x\to0^+}\frac{x}{\sin x\cdot\cos x}$$

$$=-\lim_{x\to0^+}\frac{x}{\sin x}\cdot\lim_{x\to0^+}\frac{1}{\cos x}=-1$$

使用洛必达法则求未定型极限时,应注意以下几点.

(1) 每次使用法则时,必须检验是否属于 $\dfrac{0}{0}$ 或 $\dfrac{\infty}{\infty}$ 未定型.

(2) 如果有可约去的公因子,或有非零极限值的乘积因子,可以先行约去或提出来求极限,以简化演算.

例 3-2-6　求 $\lim\limits_{x\to0}\dfrac{\tan x-x}{x^2\sin x}=\dfrac{1}{3}$.

**解　$\lim\limits_{x\to0}\dfrac{\tan x-x}{x^2\sin x}=\lim\limits_{x\to0}\dfrac{\dfrac{\sin x}{\cos x}-x}{x^2\sin x}=\lim\limits_{x\to0}\dfrac{\sin x-x\cos x}{x^2\sin x\cdot\cos x}$

$$=\lim_{x\to0}\frac{\sin x-x\cos x}{x^3}\cdot\frac{1}{\cos x}$$

$$=\lim_{x\to0}\frac{\sin x-x\cos x}{x^3}=\lim_{x\to0}\frac{x\sin x}{3x^2}$$

$$=\frac{1}{3}\lim_{x\to0}\frac{\sin x}{x}=\frac{1}{3}$$

(3) 洛必达法则的条件是充分而非必要条件,遇到极限 $\lim\limits_{\substack{x\to x_0\\(x\to\infty)}}\dfrac{f'(x)}{g'(x)}$ 不存在但不为 ∞ 时,

不能断定 $\lim\limits_{\substack{x\to x_0\\(x\to\infty)}}\dfrac{f(x)}{g(x)}$ 也不存在.

例 3-2-7　求 $\lim\limits_{x\to\infty}\dfrac{x+\sin x}{x-\sin x}$.

解　以下是常见的错误解法:

$$\lim_{x\to\infty}\frac{x+\sin x}{x-\sin x}=\lim_{x\to\infty}\frac{1+\dfrac{\sin x}{x}}{1-\dfrac{\sin x}{x}}=1$$

本例属$\dfrac{\infty}{\infty}$型,满足洛必达法则 II 的条件(1)和条件(2). 但是,因为

$$\lim_{x \to \infty} \frac{(x + \sin x)'}{(x - \sin x)'} = \lim_{x \to \infty} \frac{1 + \cos x}{1 - \cos x}$$

极限不存在,所以不满足法则 II 的条件(3),因此不能用洛必达法则 II.

3.2.2　其他未定型的极限

除了$\dfrac{0}{0}$与$\dfrac{\infty}{\infty}$未定型外,还有$0 \cdot \infty, \infty - \infty, 1^{\infty}, 0^0, \infty^0$ 等类型,它们经过适当的变形,可转换为$\dfrac{0}{0}$与$\dfrac{\infty}{\infty}$未定型.

例 3-2-8　求$\lim\limits_{x \to \infty} x \cdot \ln x$.

解　本例属$0 \cdot \infty$未定型,因为$x \ln x = \dfrac{\ln x}{\dfrac{1}{x}}$,所以$\lim\limits_{x \to 0^+} \dfrac{\ln x}{\dfrac{1}{x}}$是$\dfrac{\infty}{\infty}$未定型,应用洛必达法则 II,得

$$\lim_{x \to 0^+} x \ln x = \lim_{x \to 0^+} \frac{\ln x}{\dfrac{1}{x}} = \lim_{x \to 0^+} \frac{\dfrac{1}{x}}{-\dfrac{1}{x^2}} = -\lim_{x \to 0^+} x = 0$$

例 3-2-9　求$\lim\limits_{x \to 1} \left(\dfrac{1}{\ln x} - \dfrac{1}{x - 1} \right)$.

解　本例属$\infty - \infty$未定型. 通分后可转换为$\dfrac{0}{0}$未定型,再应用洛必达法则 I,得

$$\lim_{x \to 1} \left(\frac{1}{\ln x} - \frac{1}{x - 1} \right) = \lim_{x \to 1} \frac{x - 1 - \ln x}{(x - 1)\ln x} = \lim_{x \to 1} \frac{1 - \dfrac{1}{x}}{\ln x + \dfrac{x - 1}{x}}$$

$$= \lim_{x \to 1} \frac{\dfrac{1}{x^2}}{\dfrac{1}{x} + \dfrac{1}{x^2}} = \frac{1}{2}$$

例 3-2-10　求$\lim\limits_{x \to 0^+} x^x$.

解　本例属0^0未定型,因为$x^x = e^{\ln x^x} = e^{x \ln x}$,所以

$$\lim_{x \to 0^+} x^x = \lim_{x \to 0^+} e^{x \ln x} = e^{\lim\limits_{x \to 0^+} x \ln x}$$

应用例 3-2-8 的结果,得

$$\lim_{x \to 0^+} x^x = e^{\lim\limits_{x \to 0^+} x \ln x} = e^0 = 1$$

3.3　函数的单调性的判定

第 1 章介绍了函数在区间上单调性的定义,本节将用导数来判定函数的单调性.

如图 3.3 所示,作曲线在各点处的切线,不难观察到以下规律.

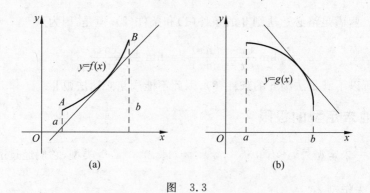

图　3.3

（1）函数 $f(x)$ 在开区间 (a,b) 内单调增加，它的图形如图 3.3(a)所示，是一条沿 x 轴正向上升的曲线，其上各点处的切线对于 x 轴的倾角 α 均是锐角，于是 $f'(x)=\tan\alpha<0$；

（2）函数 $g(x)$ 在开区间 (a,b) 内单调减少，它的图形如图 3.3(b)所示，是一条沿 x 轴正向下降的曲线，其上各点处的切线对于 x 轴的倾角 α 均是钝角，于是 $g'(x)=\tan\alpha<0$.

由此可见，可导函数的单调性与导数的符号有着密切的联系. 反过来，能否用导数的符号来判定函数的单调性呢？下面给出判定可导函数单调性的充分条件.

定理 3-3-1　设函数 $f(x)$ 在闭区间 $[a,b]$ 内连续，在开区间 (a,b) 内可导.

（1）如果在开区间 (a,b) 内 $f'(x)>0$，则函数 $f(x)$ 在闭区间 $[a,b]$ 内单调增加；

（2）如果在开区间 (a,b) 内 $f'(x)<0$，则函数 $f(x)$ 在闭区间 $[a,b]$ 内单调减少.

证　仅证明情况(1). 在开区间 (a,b) 内任取 x_1,x_2，不妨设 $x_1<x_2$，对函数 $f(x)$ 在 $[x_1,x_2]$ 上应用拉格朗日定理，得

$$f(x_2)-f(x_1)=f'(\xi)(x_2-x_1)\quad(x_1<\xi<x_2)$$

由于在开区间 (a,b) 内 $f'(x)>0$，所以 $f'(\xi)>0$，而 $x_2-x_1>0$，于是得

$$f(x_2)-f(x_1)>0$$

即

$$f(x_1)<f(x_2)$$

由 x_1,x_2 的任意性可知，函数 $f(x)$ 在开区间 (a,b) 内单调增加. 证毕.

例 3-3-1　讨论函数 $y=x^2-3x$ 的单调性.

解　函数 $y=x^3-3x$ 的定义域为 $(-\infty,+\infty)$，$y'=3x^2-3$.

因为在 $(-\infty,-1)$ 和 $(1,+\infty)$ 内 $y'>0$，所以函数 $y=x^3-3x$ 在 $(-\infty,-1)$ 和 $(1,+\infty)$ 内单调增加. 因为在 $(-1,1)$ 内 $y'<0$，所以函数 $y=x^3-3x$ 在 $(-1,1)$ 内单调减少.

从例 3-3-1 可知，$x=-1$，$x=1$ 是函数 $y=x^3-3x$ 的单调增加区间和单调减少区间的分界点，而用 $y'|_{x=1}=0$，$y'|_{x=-1}=0$. 虽然函数 $y=x^3-3x$ 在定义域 $(-\infty,+\infty)$ 内不是单调的，但是用导数等于零的点来划分函数的定义域后，就可使函数在各部分区间内单调.

例 3-3-2　讨论函数 $y=\sqrt[3]{x^2}$ 的单调性.

解　函数的定义域为 $(-\infty,+\infty)$.

当 $x\neq0$ 时，函数的导数为

$$y'=\frac{2}{3\sqrt[3]{x}}$$

当 $x=0$ 时,函数的导数不存在.因为在 $(-\infty,0)$ 内,$y'<0$,所以函数 $y=\sqrt[3]{x^2}$ 在 $(-\infty,0)$ 内单调减少;因为在 $(0,+\infty)$ 内 $y'>0$,所以函数 $y=\sqrt[3]{x^2}$ 在 $(0,+\infty)$ 上单调增加.

从例 3-3-2 可知,$x=0$ 是函数 $y=\sqrt[3]{x^2}$ 的单调增加区间和单调减少区间的分界点,而且函数 $y=\sqrt[3]{x^2}$ 在 $x=0$ 处导数不存在.因此,在讨论函数单调性时,如果函数在某些点处导数不存在,则划分函数的定义域的分界点也应包括这些导数不存在的点.

由以上两例,可得如下结论.

如果函数在定义区间内连续,除去有限个导数不存在的点外,导数存在且连续,那么只要用 $f'(x)=0$ 的根及 $f'(x)$ 不存在的点来划分函数的定义域,就能保证 $f'(x)$ 在各个部分区间内保持固定符号,即 $f'(x)>0$ 或 $f'(x)<0$.由此确定函数 $f(x)$ 在每个部分的单调性.整个讨论过程可通过表 3-1 进行.

例如,对于例 3-3-1,可列表 3-1 讨论 $y=x^3-3x$ 的单调性.

表 3-1

x	$(-\infty,-1)$	-1	$(-1,1)$	1	$(1,+\infty)$
y'	$+$	0	$-$	0	$+$
y	↗		↘		↗

表中记号↗表示函数在所在区间内是单调增加的;↘表示函数在所在区间内是单调减少的.

例 3-3-3 讨论函数 $y=(x-1)\sqrt[3]{x}$ 的单调性.

解 函数的定义域为 $(-\infty,+\infty)$,函数的导数是

$$y'=\frac{4x-1}{3\sqrt[3]{x^2}}$$

由 $y'=0$,即 $\frac{4x-1}{3\sqrt[3]{x^2}}=0$,得 $x_1=\frac{1}{4}$.并且当 $x_2=0$ 时,y' 不存在.用 x_1,x_2 把 $(-\infty,+\infty)$ 分成三个区间,可列表讨论(见表 3-2).

表 3-2

x	$(-\infty,0)$	0	$\left(0,\frac{1}{4}\right)$	$\frac{1}{4}$	$\left(\frac{1}{4},+\infty\right)$
y'	$-$	不存在	$-$	0	$+$
y	↘		↘		↗

所以,函数在 $\left(-\infty,\frac{1}{4}\right)$ 内单调减少,在 $\left(\frac{1}{4},+\infty\right)$ 内单调增加.

注 例 3-3-2 中,因为 $y=(x-1)\sqrt[3]{x^2}$ 在 $(-\infty,0)$、$\left(0,\frac{1}{4}\right]$ 内单调减少,因此该函数在 $\left(-\infty,\frac{1}{4}\right]$ 内单调减少.

例 3-3-4 证明当 $0<x<\frac{\pi}{2}$ 时,$\tan x>x$.

证　作函数 $f(x)=\tan x-x$. 显然 $f(x)$ 在 $\left[0,\dfrac{\pi}{2}\right)$ 上连续,在 $\left(0,\dfrac{\pi}{2}\right)$ 内可导,且

$$f'(x)=\sec^2 x-1=\tan^2 x>0$$

故 $f(x)$ 在区间 $\left[0,\dfrac{\pi}{2}\right)$ 内单调增加. 当 $0<x<\dfrac{\pi}{2}$ 时, $f(x)>f(0)=0$,即

$$\tan x>x \quad \left(0<x<\frac{\pi}{2}\right)$$

3.4　函数的极值与最大值、最小值

3.4.1　极值的定义与必要条件

观察函数 $y=f(x)=2x^3-9x^2+12-3(0\leqslant x\leqslant 3)$ 的图形(参见图 3.4),点 $(1,2)$ 不是曲线的最高点,但是与 $x=1$ 的附近的 x 相比,这个点是最高的. 也就是说,这个函数在 $x=1$ 的函数值 $f(1)=2$ 在整个区间 $[0,3]$ 上不是函数的最大值,但是与 $x=1$ 附近函数值 $f(x)$ 相比, $f(1)$ 是最大的. 同样地,函数在 $x=2$ 附近的函数值 $f(x)$ 与 $f(2)$ 相比, $f(2)$ 是最小的.

为了描述这种点的性质,引进函数极值的概念.

定义 3-4-1　设函数 $f(x)$ 在 x_0 的某邻域 $U(x_0,\sigma)$ 内有定义,若当 $x\in U(x_0,\sigma)$ 而 $x\neq x_0$ 时,恒有 $f(x)<f(x_0)$,则称 $f(x_0)$ 是函数 $f(x)$ 的一个**极大值**;若当 $x\in U(x_0,\sigma)$,而 $x\neq x_0$ 时,均有 $f(x)>f(x_0)$,则称 $f(x_0)$ 是函数 $f(x)$ 的一个**极小值**.

函数的极大值和极小值统称为函数的**极值**,使函数取得极值的点称为**极值点**.

由此可见, $f(1)=2$ 是函数 $f(x)=2x^3-9x^2+12x-3$ 的极大值, $f(2)=1$ 是 $f(x)$ 的极小值. 从图 3.4 还可以看出,函数在极值点处,曲线上的切线是水平的,即 $f'(1)=0$, $f'(2)=0$. 由此得下面的定理.

定理 3-4-1　如果函数 $f(x)$ 在点 x_0 处可导,且在 x_0 处取得极值,则 $f'(x_0)=0$.

证　不妨设 $f(x_0)$ 是函数 $f(x)$ 的极大值,即存在 x_0 的某一邻域 $U(x_0,\sigma)$,对于邻域内任何点 $x(x\neq x_0)$,恒有 $f(x)<f(x_0)$. 设 $\Delta x=x-x_0$,有

$$\Delta y=f(x_0+\Delta x)-f(x_0)=f(x)-f(x_0)<0$$

因此,当 $\Delta x>0$ 时, $\dfrac{\Delta y}{\Delta x}<0$;当 $\Delta x<0$ 时, $\dfrac{\Delta y}{\Delta x}>0$.

因为 $f'(x_0)$ 存在,所以取极限就得到

$$f'(x_0)=\lim_{\Delta x\to 0^+}\frac{\Delta y}{\Delta x}\leqslant 0$$

$$f'(x_0)=\lim_{\Delta x\to 0^-}\frac{\Delta y}{\Delta x}\geqslant 0$$

从而推出

$$f'(x_0)=0$$

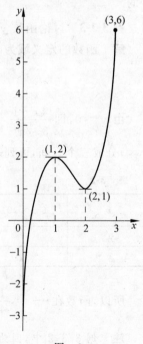

图　3.4

证毕.

定理 3-4-1 的逆定理不一定成立,即对于可导函数 $f(x)$,若 $f'(x_0)=0$,未必能推出 x_0 是极值点. 例如,函数 $y=x^3$ 在 $x=0$ 处有 $y'(0)=0$,但 $x=0$ 不是函数 $y=x^3$ 的极值点.

另外,如果函数 $f(x)$ 在 x_0 处不可导,也有可能在 x_0 处取得极值. 例如,函数 $y=|x|$ 在 $x=0$ 时有极小值,但是函数 $y=|x|$ 在 $x=0$ 处不可导. 因此,对于连续函数来说,导数不存在的点也可能是函数的极值点.

通常把使得 $f'(x)=0$ 的点 x_0 称为驻点. 函数在定义域中的驻点及不可导点统称为**极值可疑点**,连续函数仅在极值可疑点上可能取得极值.

3.4.2　极值的充分条件

由上面的讨论知道,函数只能在它的极值可疑点上取得极值. 但在这些点处,函数不一定取得极值,为此,我们还须讨论极值的充分条件.

由图 3.5 可以看到,x_1,x_2 是 $f(x)$ 的驻点,函数 $f(x)$ 在点 x_3 处的导数不存在. 点 A 是曲线 $y=f(x)$ 单调减少与单调增加的分界点,函数 $f(x)$ 在 $x=x_1$ 处取得极小值. 点 B 是曲线 $y=f(x)$ 单调增加与单调减少的分界点,函数 $f(x)$ 在 $x=x_2$ 处取得极大值. 同样地,函数 $f(x)$ 在 $x=x_3$ 处取得极大值. 所以,如果函数在极值可疑点 x_0 是极值点. 由单调性与导数符号的关系,可得下面定理.

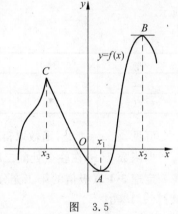

图　3.5

定理 3-4-2(极值的第一充分条件)　设函数 $f(x)$ 在极值可疑点 x_0 的 σ 邻域内连续,在 x_0 的去心 σ 邻域内可导.

(1) 如果当 $x\in(x_0-\sigma,x_0)$ 时 $f'(x)>0$,当 $x\in(x_0,x_0+\sigma)$ 时 $f'(x)<0$,则 $f(x_0)$ 是 $f(x)$ 的极大值;

(2) 如果当 $x\in(x_0-\sigma,x_0)$ 时 $f'(x)<0$,当 $x\in(x_0,x_0+\sigma)$ 时 $f'(x)>0$,则 $f(x_0)$ 是 $f(x)$ 的极大值;

(3) 如果在 x_0 的两侧,函数的导数具有相同的符号,则 $f(x_0)$ 不是 $f(x)$ 的极值.

由此得到求连续函数 $f(x)$ 的极值步骤如下.

(1) 确定函数 $f(x)$ 的定义域,求出导数 $f'(x)$.

(2) 找出函数 $f(x)$ 的极值可疑点,即找出使 $f'(x)$ 等于零的点及导数不存在的点.

(3) 用极值可疑点将定义域分成若干区间,并确定 $f'(x)$ 在每一个区间内的正负符号.

(4) 按定理 3-4-2,确定 $f(x)$ 在极值可疑点处是否有极值,是极大值还是极小值.

例 3-4-1　求函数 $f(x)=x^3-6x^2+9x$ 的极值.

解　函数 $f(x)$ 在定义域 $(-\infty,+\infty)$ 内连续,且

$$f'(x)=3x^2-12x+9=3(x-1)(x-3)$$

令 $f'(x)=0$,得驻点 $x_1=1$ 和 $x_2=3$,函数 $f(x)$ 没有导数不存在的点. 用 $x_1=1$ 和 $x_2=3$ 将定义域分成 3 个区间,在每个区间内确定 $f'(x)$ 的正负符号,然后应用定理 3-4-2 判断 $x_1=1$ 和 $x_2=3$ 是否为极值点. 现列表讨论,如表 3-3 所示.

表 3-3

x	$(-\infty,1)$	1	$(1,3)$	3	$(3,+\infty)$
$f'(x)$	$+$	0	$-$	0	$+$
$y=f(x)$	↗	有极大值	↘	有极小值	↗

因此,在 $x_1=1$ 处,函数 $f(x)$ 有极大值 $f(1)=4$;在 $x_2=3$ 处,函数 $f(x)$ 有极小值 $f(3)=0$.

例 3-4-2　求函数 $y=(2x-5)\sqrt[3]{x^2}$ 的极值.

解　函数 $y=(2x-5)\sqrt[3]{x^2}$ 在定义域 $(-\infty,+\infty)$ 内连续,且

$$y'=(2x^{\frac{5}{3}}-5x^{\frac{2}{3}})'=\frac{10}{3}x^{\frac{2}{3}}-\frac{10}{3}x^{\frac{1}{3}}=\frac{10(x-1)}{3\sqrt[3]{x}}$$

函数的极值可疑点为 $x_1=1$(驻点)及 $x_2=0$(导数不存在的点).现列表讨论,如表 3-4 所示.

表 3-4

x	$(-\infty,0)$	0	$(0,1)$	1	$(1,+\infty)$
$f'(x)$	$+$	不存在	$-$	0	$+$
$y=f(x)$	↗	有极大值	↘	有极小值	↗

可见,在 $x=1$ 处,函数取得极小值 $f(1)=-3$;在 $x=0$ 处,函数取得极大值 $f(0)=0$.

当函数 $f(x)$ 在驻点处的二阶导数存在且不为零时,有如下判定极值的第二充分条件.

定理 3-4-3(极值的第二充分条件)　设函数 $f(x)$ 在点 x_0 处具有二阶导数且 $f'(x_0)=0,f''(x_0)\neq0$.

(1) 若 $f''(x_0)>0$,则函数 $f(x)$ 在 x_0 处取得极小值;

(2) 若 $f''(x_0)<0$,则函数 $f(x)$ 在 x_0 处取得极大值.

例 3-4-3　求函数 $f(x)=\frac{1}{2}\cos2x+\sin x(0\leqslant x\leqslant\pi)$ 的极值.

解　$f'(x)=-\sin2x+\cos x=\cos x(1-2\sin x)$

$f''(x)=-2\cos2x-\sin x$

令 $f'(x)=0$,在 $0\leqslant x\leqslant\pi$ 时函数 $f(x)$ 有三个驻点 $\frac{\pi}{6},\frac{\pi}{2},\frac{5\pi}{6}$.而

$$f''\left(\frac{\pi}{6}\right)=f''\left(\frac{5\pi}{6}\right)=-\frac{3}{2}<0$$

$$f''\left(\frac{\pi}{6}\right)=1>0$$

由极值的第二充分条件,得 $f\left(\frac{\pi}{6}\right)=\frac{3}{4}$ 和 $f\left(\frac{5\pi}{6}\right)=\frac{3}{4}$ 是函数的极大值,$f\left(\frac{\pi}{6}\right)=\frac{1}{2}$ 是函数的极小值.

例 3-4-4　求函数 $f(x)=(x^2-1)^3+1$ 的极值.

解　函数 $f(x)$ 在定义域 $(-\infty,+\infty)$ 上连续,且

$$f'(x)=6x(x^2-1)^2$$

$$f''(x) = 6(x^2 - 1)(5x^2 - 1)$$

令 $f'(x) = 0$，得驻点 $x_1 = -1, x_2 = 0, x_3 = 1$.

由 $f''(0) = 6 > 0$ 得函数 $f(x)$ 在 $x_2 = 0$ 处取得极小值 $f(0) = 0$；在 $x = \pm 1$ 处，$f''(-1) = f''(1) = 0$，此时不能用第二充分条件来判定.

因为在 $x = -1$ 的某个邻域内，$f'(x) = 6x(x^2 - 1)^2 < 0$，所以 $f(x)$ 在 $x = -1$ 处不能取得极值. 同理，$f(x)$ 在 $x = 1$ 处也不能取得极值，如图 3.6 所示.

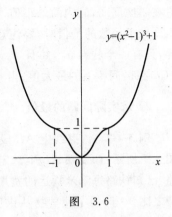

图　3.6

3.4.3　函数的最大值和最小值

1. 闭区间上连续函数的最大值和最小值

如果函数 $f(x)$ 在闭区间 $[a,b]$ 内连续，则 $f(x)$ 在 $[a,b]$ 内必能取得最大值和最小值. 函数的最大值和最小值统称为函数的**最值**.

设函数 $f(x)$ 在 x_0 处取得最大值（或最小值）. 若 $x_0 \in (a,b)$，那么 $f(x_0)$ 也是 $f(x)$ 的极大值（或极小值），故 x_0 必是 $f(x)$ 的极值可疑点；另一种可能是 x_0 为区间的端点 a 或 b. 例如，在 $[a,b]$ 内单调增加的函数 $f(x)$，$f(a)$ 是最小值，$f(b)$ 是最大值. 因此，对于闭区间 $[a,b]$ 内的连续函数，只要算出极值可疑点及端点处的函数值，比较这些值的大小，即可求得函数的最大值和最小值.

例 3-4-5　求函数 $y = 5k\sqrt{400 + x^2} + 3k(100 - x)$ 在闭区间 $[0,100]$ 内的最大值和最小值，其中 k 为大于零的常数.

解　函数 y 在闭区间 $[0,100]$ 内连续，则

$$y' = \frac{5k}{2} \cdot \frac{2x}{\sqrt{400 + x^2}} - 3k = k\left(\frac{5x}{\sqrt{400 + x^2}} - 3\right)$$

令 $y' = 0$，得驻点 $x = 15$. 由于

$$y(0) = 400k, \quad y(100) = 50\sqrt{104}k, \quad y(15) = 380k$$

比较各值，可知函数 y 在 $x = 100$ 处取得它在闭区间 $[0,100]$ 内的最大值 $50\sqrt{104}k$，在 $x = 15$ 处取得它在闭区间 $[0,100]$ 内的最小值 $380k$.

例 3-4-6　求函数 $f(x) = (x-3)^{\frac{1}{3}}(x-6)^{\frac{2}{3}}$ 在闭区间 $[0,6]$ 内的最大值和最小值.

解　函数 $f(x)$ 在闭区间 $[0,6]$ 内连续，则

$$f'(x) = \frac{1}{3}(x-3)^{-\frac{2}{3}}(x-6)^{\frac{2}{3}} + \frac{2}{3}(x-3)^{\frac{1}{3}}(x-6)^{-\frac{1}{3}}$$

$$= \frac{x-4}{(x-3)^{\frac{2}{3}}(x-6)^{-\frac{1}{3}}}$$

故 $f(x)$ 在 $[0,6]$ 内的极值可疑点为 $x_1 = 3, x_2 = 4$. 与区间左端点一起算出对应的函数值如下：

$$f(3) = f(6) = 0, \quad f(4) = \sqrt[3]{4}, \quad f(0) = -3\sqrt[3]{4}$$

所以，函数 $f(x)$ 在 $x_2 = 4$ 处取得它在闭区间 $[0,6]$ 内的最大值 $\sqrt[3]{4}$，在端点 $x = 0$ 处取得

它在闭区间$[0,6]$内的最小值$-3\sqrt[3]{4}$.

在求函数的最值时，要注意如下情况：$f(x)$在一个区间I（有限或无限，开区间）内可导，只有一个驻点x_0，并且x_0是$f(x)$的极值点，那么，当$f(x_0)$是极大值时，$f(x_0)$就是$f(x)$在区间I上的最大值；当$f(x_0)$是极小值时，$f(x_0)$就是$f(x)$在该区间I上的最小值.

2. 求实际问题的最值

例 3-4-7　铁路线上AB段的距离为100km，工厂C距A处为20km，AC垂直于AB，如图 3.7 所示. 今要在AB上选定一点D向工厂修筑一条公路，已知铁路每千米货运的费用与公路上每千米货运的运费之比$3:5$，为了使货物从供应站B运到工厂C的运费最小，问点D应选在何处？

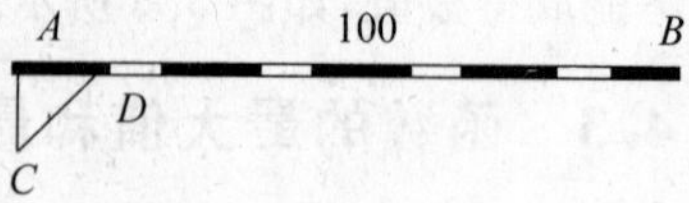

图　3.7

解　先根据题意建立函数关系，通常称这个函数为目标函数.

设$AD=x(\text{km})$，则$DB=100-x$，$CD=\sqrt{20^2+x^2}$. 由于铁路每千米货运的运费与公路每千米货的运费之比为$3:5$，所以可设铁路上每千米的运费为$3k$，公路上每千米的运费为$5k$，并设从点B运到点C需要的总运费为y，则

$$y=5k\cdot CD+3k\cdot DB$$

即

$$y=5k\sqrt{400+k^2}+3k(100-x)\quad(0\leqslant x\leqslant 100)$$

由例 3-4-5 知，当$x=15\text{km}$时，目标函数y在$[0,100]$内取得最小值$380k$. 因此，点D应选在距A 15km处，总运费最省.

在很多实际问题中，根据问题的性质，往往就可以断定可导目标函数$f(x)$确有最大值或最小值，并且在定义域内取得. 这时如果$f(x)$在定义域内只有一个驻点，则可以断定$f(x_0)$是最大值或最小值.

例 3-4-8　要做一个上下均有底的圆柱形容器，容积是常量V_0，问底半径r为多大时，容器的表面积最小？并求出最小的面积.

解　设容器的高度为h，则容器的表面积$S=2\pi r^2+2\pi rh$，由$V_0=\pi r^2 h$，即可得目标函数

$$S=2\pi r^2+\frac{2V_0}{r}\quad(0<r<+\infty)$$

对r求导，得

$$S'=4\pi r-\frac{2V_0}{r^2}=\frac{4\pi}{r^2}\left(r^3-\frac{V_0}{2\pi}\right)$$

令$S'=0$，解得唯一驻点$r=\sqrt[3]{\dfrac{V_0}{2\pi}}$.

由题意，目标函数在$(0,+\infty)$内最小值存在，且驻点唯一. 因此，当$r=\sqrt[3]{\dfrac{V_0}{2\pi}}$时，表面积最小，最小表面积为$3\sqrt[3]{2\pi V_0^2}$.

第 4 章　不 定 积 分

不定积分是求导的逆运算,是积分学的基本问题之一.本章讲述不定积分的概念、性质及基本积分法.

4.1　不定积分的概念和性质

4.1.1　原函数与不定积分的概念

设质点作直线运动,其运动方程为 $s=s(t)$,那么对于质点的运动速度 $v=s'(t)$ 就是求导问题.但是,在物理学中还需要解决相反的问题:已知作直线运动的质点在任一时刻的速度 $v(t)$,求质点的运动方程 $s=s(t)$,即由 $s'(t)=v(t)$ 求函数 $s(t)$.

这样就提出了由已知某函数的导函数,求原来这个函数的问题,从而引出原函数的概念.

定义 4-1-1　设函数 $f(x)$ 在区间 I 上有定义,如果存在可导函数 $F(x)$,在区间 I 上对任一 x 有

$$F'(x) = f(x)$$

或

$$\mathrm{d}F(x) = f(x)\mathrm{d}x$$

则称 $F(x)$ 是 $f(x)$ 在区间 I 上的一个**原函数**.

例如,在区间 $(-\infty,+\infty)$ 内,$(x^2)'=2x$,那么 x^2 就是 $2x$ 的一个原函数;$\left(\frac{1}{2}\sin 2x\right)'=\cos 2x$,故 $\frac{1}{2}\sin 2x$ 是 $\cos 2x$ 的一个原函数.

关于原函数有如下几点说明.

(1) 如果函数 $f(x)$ 在区间 I 上连续,那么在区间 I 上它的原函数存在.这个结论将在第 5 章给予证明.

(2) 如果函数 $f(x)$ 在区间 I 上有原函数 $F(x)$,由于

$$[F(x)+C]' = F'(x) = f(x)$$

所以 $F(x)+C(C$ 是任意常数)也是 $F(x)$ 的原函数,因此 $f(x)$ 有无穷多个原函数.

(3) 如果函数 $F(x)$ 是 $f(x)$ 在区间 I 上的一个原函数,而 $G(x)$ 是 $f(x)$ 在区间 I 上的另一个原函数,由于

$$[G(x)-F(x)]' = G'(x) - F'(x) = f(x) - f(x) \equiv 0$$

而导数等于零的函数必为常数,所以 $G(x)=F(x)+C(C$ 为常数).因此 $f(x)$ 的全体原函数可表示为

$$F(x) + C \quad (C \text{ 为常数})$$

由以上几点说明,我们引进不定积分的概念.

定义 4-1-2　函数 $f(x)$ 的全体原函数 $F(x)+C$ 称为 $f(x)$ 的不定积分，记作 $\int f(x)\mathrm{d}x$，即

$$\int f(x)\mathrm{d}x = F(x)+C$$

其中，记号"$\int$"称为积分号；$f(x)$ 称为**被积函数**；x 称为**积分变量**；$f(x)\mathrm{d}x$ 称为**被积表达式**；C 称为**积分常数**.

由定义知，上述求质点的运动方程问题，就是求速度 $v(t)$ 的不定积分，即 $s(t) = \int v(t)\mathrm{d}t.$

由定义知，求函数 $f(x)$ 的不定积分，就是求已知函数 $f(x)$ 的全体原函数，这只要求出 $f(x)$ 的一个原函数，再加上任意常数 C 即可. 例如，$\dfrac{1}{2}\sin 2x$ 是 $\cos 2x$ 的一个原函数，所以

$$\int \cos 2x \mathrm{d}x = \frac{1}{2}\sin 2x + C$$

例 4-1-1　求 $\int x^3 \mathrm{d}x.$

解　因为 $\left(\dfrac{x^4}{4}\right)' = x^3$，所以 $\dfrac{x^4}{4}$ 是 x^3 的一个原函数，因此

$$\int x^3 \mathrm{d}x = \frac{x^4}{4} + C$$

例 4-1-2　求 $\int \dfrac{1}{\sqrt{1-x^2}}\mathrm{d}x.$

解　因为 $(\arcsin x)' = \dfrac{1}{\sqrt{1-x^2}}$，所以 $\arcsin x$ 是 $\dfrac{1}{\sqrt{1-x^2}}$ 的一个原函数，因此

$$\int \frac{1}{\sqrt{1-x^2}}\mathrm{d}x = \arcsin x + C$$

例 4-1-3　求 $\int \dfrac{1}{x}\mathrm{d}x.$

解　当 $x>0$ 时，$(\ln x)' = \dfrac{1}{x}$，所以 $\ln x$ 是 $\dfrac{1}{x}$ 在 $(0,+\infty)$ 内的一个原函数，因此在 $(0,+\infty)$ 内

$$\int \frac{1}{x}\mathrm{d}x = \ln x + C$$

当 $x<0$ 时，$[\ln(-x)]' = \dfrac{(-x)'}{-x} = \dfrac{1}{x}$，所以 $\ln(-x)$ 是 $\dfrac{1}{x}$ 在 $(-\infty,0)$ 内的一个原函数，因此在 $(-\infty,0)$ 内

$$\int \frac{1}{x}\mathrm{d}x = \ln(-x) + C$$

合并上面两式，得

$$\int \frac{1}{x}\mathrm{d}x = \ln |x| + C \quad (x \neq 0)$$

为方便起见,今后在不致发生混淆的情况下,不定积分也简称积分. 通常把求不定积分的运算称为积分法.

4.1.2 不定积分的性质

由不定积分的定义及导数的运算法则,可推出不定积分的如下性质.

性质 1

$$\frac{\mathrm{d}}{\mathrm{d}x}\left[\int f(x)\mathrm{d}x\right] = f(x)$$

或

$$\mathrm{d}\int f(x)\mathrm{d}x = f(x)\mathrm{d}x$$

性质 2

$$\int F'(x)\mathrm{d}x = F(x) + C$$

或

$$\int \mathrm{d}F(x) = F(x) + C$$

从上述两个性质可见,如果先积分后求导(或微分),那么两者的作用互相抵消;反之,如先求导(或微分)再积分,那么两者作用抵消后差一个常数.

性质 3 两个函数和的不定积分等于各个函数的不定积分的和,即

$$\int[f(x) + g(x)]\mathrm{d}x = \int f(x)\mathrm{d}x + \int g(x)\mathrm{d}x$$

性质 3 对于有限个函数都是成立的.

性质 4 被积函数中不为零的常数因子可以提到积分号外,即

$$\int kf(x)\mathrm{d}x = k\int f(x)\mathrm{d}x \quad (k \text{ 为常数}, k \neq 0)$$

例 4-1-4 求 $\int(4x^3 + \sin x)\mathrm{d}x$.

解 $\int(4x^3 + \sin x)\mathrm{d}x = \int 4x^3\mathrm{d}x + \int \sin x\mathrm{d}x = 4\int x^3\mathrm{d}x + \int \sin x\mathrm{d}x = x^4 - \cos x + C$

4.1.3 基本积分公式

因为不定积分和求导互为逆运算,所以可由基本导数公式得到相应的积分公式. 例如,由 $(\tan x)' = \sec^2 x$,得到 $\int \sec^2 x\mathrm{d}x = \tan x + C$. 类似地得到其他积分公式,现列举如下:

(1) $\int k\mathrm{d}x = kx + C$ （k 为常数）

(2) $\int x^\mu \mathrm{d}x = \frac{1}{\mu+1}x^{\mu+1} + C$ （$\mu \neq -1$）

(3) $\int \frac{1}{x}\mathrm{d}x = \ln|x| + C$

(4) $\int \mathrm{e}^x\mathrm{d}x = \mathrm{e}^x + C$

(5) $\int a^x\mathrm{d}x = \frac{a^x}{\ln a} + C$ （$a > 0, a \neq 1$）

(6) $\int \sin x \mathrm{d}x = -\cos x + C$

(7) $\int \cos x \mathrm{d}x = \sin x + C$

(8) $\int \dfrac{1}{\cos^2 x}\mathrm{d}x = \int \sec^2 x \mathrm{d}x = \tan x + C$

(9) $\int \dfrac{1}{\sin^2 x}\mathrm{d}x = \int \csc^2 x \mathrm{d}x = -\cot x + C$

(10) $\int \sec x \tan x \mathrm{d}x = \sec x + C$

(11) $\int \csc x \cot x \mathrm{d}x = -\csc x + C$

(12) $\int \dfrac{1}{1+x^2}\mathrm{d}x = \arctan x + C$

(13) $\int \dfrac{1}{\sqrt{1-x^2}}\mathrm{d}x = \arcsin x + C$

以上这些基本积分公式是求不定积分的基础,必须熟记,利用它们可直接求一些简单的不定积分,下面举例说明.

例 4-1-5 求 $\int \dfrac{1}{x^2 \sqrt[3]{x}}\mathrm{d}x$.

解 $\int \dfrac{1}{x^2 \sqrt[3]{x}}\mathrm{d}x = \int x^{-\frac{7}{3}}\mathrm{d}x = -\dfrac{1}{-\dfrac{7}{3}+1}x^{-\frac{7}{3}+1}+C$

$$= -\dfrac{3}{4}x^{-\frac{4}{3}}+C = -\dfrac{3}{4x\sqrt[3]{x}}+C$$

例 4-1-6 $\int x^2 \sqrt{x}\mathrm{d}x$.

解 $\int x^2 \sqrt{x}\mathrm{d}x = \int x^{\frac{5}{2}}\mathrm{d}x = \dfrac{1}{\dfrac{5}{2}+1}x^{\frac{5}{2}+1}+C$

$$= \dfrac{2}{7}x^{\frac{7}{2}}+C = \dfrac{2}{7}x^3 \sqrt{x}+C$$

例 4-1-7 求 $\int \left(\dfrac{1}{x^2}+\dfrac{2}{x}-2\right)\mathrm{d}x$.

解 $\int \left(\dfrac{1}{x^2}+\dfrac{2}{x}-2\right)\mathrm{d}x = \int x^{-2}\mathrm{d}x + 2\int \dfrac{1}{x}\mathrm{d}x - 2\int \mathrm{d}x$

$$= -\dfrac{1}{x}+2\ln|x|-2x+C$$

例 4-1-8 求 $\int \dfrac{(\sqrt{x}-1)^2}{\sqrt{x}}\mathrm{d}x$.

解 $\int \dfrac{(\sqrt{x}-1)^2}{\sqrt{x}}\mathrm{d}x = \int \dfrac{x-2\sqrt{x}+1}{\sqrt{x}}\mathrm{d}x = \int (x^{\frac{1}{2}}-2+x^{-\frac{1}{2}})\mathrm{d}x$

$$= \int x^{\frac{1}{2}}\mathrm{d}x - 2\int \mathrm{d}x + \int x^{-\frac{1}{2}}\mathrm{d}x = \dfrac{2}{3}x^{\frac{3}{2}}-2x+2\sqrt{x}+C$$

例 4-1-9　求 $\int(\mathrm{e}^x-3\sin x)\mathrm{d}x$.

解　$\int(\mathrm{e}^x-3\sin x)\mathrm{d}x=\int\mathrm{e}^x\mathrm{d}x-3\int\sin x\mathrm{d}x=\mathrm{e}^x+3\cos x+C$

例 4-1-10　求 $\int 3^x\mathrm{e}^x\mathrm{d}x$.

解　求 $\int 3^x\mathrm{e}^x\mathrm{d}x=\int(3\mathrm{e})^x\mathrm{d}x=\dfrac{(3\mathrm{e})^x}{\ln(3\mathrm{e})}+C=\dfrac{3^x\mathrm{e}^x}{\ln(3\mathrm{e})}+C$

例 4-1-11　求 $\int\dfrac{1+x+x^2}{x(1+x^2)}\mathrm{d}x$.

分析　对被积函数进行变形,转换为

$$\frac{1+x+x^2}{x(1+x^2)}=\frac{x+(1+x^2)}{x(1+x^2)}=\frac{1}{1+x^2}+\frac{1}{x}$$

从而可用基本积分公式及积分性质求积分.

解　$\displaystyle\int\frac{1+x+x^2}{x(1+x^2)}\mathrm{d}x=\int\Big(\frac{1}{1+x^2}+\frac{1}{x}\Big)\mathrm{d}x=\int\frac{1}{1+x^2}\mathrm{d}x+\int\frac{1}{x}\mathrm{d}x$

$$=\arctan x+\ln\mid x\mid+C$$

例 4-1-12　求 $\int\dfrac{x^4}{1+x^2}\mathrm{d}x$.

分析　对被积函数进行变形,转换为

$$\frac{x^4}{1+x^2}=\frac{(x^4-1)+1}{1+x^2}=\frac{x^4-1}{1+x^2}+\frac{1}{1+x^2}=x^2-1+\frac{1}{1+x^2}$$

解　$\displaystyle\int\frac{x^4}{1+x^2}\mathrm{d}x=\int\frac{(x^4-1)+1}{1+x^2}\mathrm{d}x=\int\Big(x^2-1+\frac{1}{1+x^2}\Big)\mathrm{d}x$

$$=\int x^2\mathrm{d}x-\int\mathrm{d}x+\int\frac{1}{1+x^2}\mathrm{d}x$$

$$=\frac{1}{3}x^3-x+\arctan x+C$$

例 4-1-13　求 $\int\cos^2\dfrac{x}{2}\mathrm{d}x$.

分析　先将被积函数进行三角恒等变形:$\cos^2\dfrac{x}{2}=\dfrac{1}{2}(1+\cos x)$,然后再求积分.

解　$\displaystyle\int\cos^2\frac{x}{2}\mathrm{d}x=\int\frac{1+\cos x}{2}\mathrm{d}x=\frac{1}{2}\Big(\int\mathrm{d}x+\int\cos x\mathrm{d}x\Big)=\frac{1}{2}(x+\sin x)+C$

例 4-1-14　求 $\int\tan^2 x\mathrm{d}x$.

分析　先将被积函数进行三角恒等式变形:$\tan^2 x=\sec^2 x-1$,然后再求积分.

解　$\displaystyle\int\tan^2 x\mathrm{d}x=\int(\sec^2 x-1)\mathrm{d}x=\int\sec^2 x\mathrm{d}x-\int\mathrm{d}x=\tan x-x+C$

例 4-1-15　求 $\int\dfrac{\cos 2x}{\sin^2 x\cos^2 x}\mathrm{d}x$.

分析　先将被积函数进行三角恒等式变形:

$$\frac{\cos 2x}{\sin^2 x\cos^2 x}=\frac{1}{\sin^2 x}-\frac{1}{\cos^2 x}$$

然后再求积分.

解
$$\int \frac{\cos 2x}{\sin^2 x \cos^2 x} dx = \int \frac{\cos^2 x - \sin^2 x}{\sin^2 x \cos^2 x} dx = \int \left(\frac{1}{\sin^2 x} - \frac{1}{\cos^2 x} \right) dx$$

$$= \int (\csc^2 x - \sec^2 x) dx = \int \csc^2 x dx - \int \sec^2 x dx$$

$$= -\cot x - \tan x + C$$

注意 检验积分结果是否正确,可应用不定积分的性质 1,即只要对结果求导,看它的导数是否等于被积函数.若相等,则结果正确;否则结果是错误的.

例如,对例 4-1-11 的结果,由于

$$(-\cot x - \tan x + C)' = \csc^2 x - \sec^2 x = \frac{1}{\sin^2 x} - \frac{1}{\cos^2 x}$$

$$= \frac{\cos^2 x - \sin^2 x}{\sin^2 x \cos^2 x} = \frac{\cos 2x}{\sin^2 x \cos^2 x}$$

所以结果是正确的.

例 4-1-16 设曲线经过点 $(0,3)$,且曲线上任一点 (x,y) 处的切线斜率为 e^x,试求曲线方程.

解 设曲线方程为 $y = f(x)$,由题意知 $f'(x) = e^x$,即 $f(x)$ 是 e^x 的一个原函数,先求 e^x 的不完全积分

$$\int e^x dx = e^x + C$$

再将 $x = 0, y = 3$ 代入 $y = e^x + C$ 得 $C = 2$,于是所求的曲线方程是 $y = e^x + 2$.

4.2　换元积分法

利用基本积分公式与积分性质,所能计算的不定积分是非常有限的,因此有必要寻找更有效的积分方法.把复合函数的求导法反过来用,可以得到一种基本的而且十分重要的积分法则,称为**换元积分法**,简称**换元法**.

4.2.1　第一类换元法

我们知道,$(\sin x^2)' = 2x \cos x^2$,所以 $\sin x^2$ 是 $2x \cos x^2$ 的一个原函数,因此

$$\int 2x \cos x^2 dx = \sin x^2 + C$$

即

$$\int \cos(x^2) \cdot (x^2)' dx = \sin x^2 + C$$

一般地,如果所求的不定积分,其被积函数能写出 $f[\varphi(x)]\varphi'(x)$ 的形式,则有下面的定理.

定理 4-2-1 设 $\int f(u) du = F(u) + C, u = \varphi(x)$ 具有连续导数,则

$$\int f[\varphi(x)]\varphi'(x) dx = F[\varphi(x)] + C$$

证　由于 $F'(u)=f(u)$，由复合函数的求导法则，得

$$\frac{\mathrm{d}}{\mathrm{d}x}F[\varphi(x)] = F'(u)\varphi'(x) = f(u)\varphi'(x) = f[\varphi(x)]\varphi'(x)$$

这说明 $F[\varphi(x)]$ 是 $f[\varphi(x)]\varphi'(x)$ 的一个原函数，从而

$$\int F[\varphi(x)]\varphi'(x)\mathrm{d}x = F[\varphi(x)] + C$$

或写作

$$\int F[\varphi(x)]\mathrm{d}[\varphi(x)] = F[\varphi(x)] + C$$

证毕.

定理 4-2-1 意义在于把被积表达式中的 $\mathrm{d}x$ 看做变量 x 的微分，应用微分等式

$$\varphi'(x)\mathrm{d}x = \mathrm{d}[\varphi(x)]$$

把关于变量 x 的积分 $\int f[\varphi(x)]\varphi'(x)\mathrm{d}x$ 的计算，通过引入新变量 $u(u=\varphi(x))$，变换为关于各分变量 u 的积分 $\int f(u)\mathrm{d}u$ 来计算. 这个定理还说明，如果把基本积分式中的积分变量 x 换成可导函数 $u=\varphi(x)$ 后公式仍成立，从而扩大了基本积分公式的应用范围.

例如，由 $\int \cos x\mathrm{d}x = \sin x + C$ 可推出

$$\int \cos 2x\mathrm{d}(2x) = \sin 2x + C$$

$$\int \cos(\ln x)\mathrm{d}(\ln x) = \sin(\ln x) + C$$

$$\cdots$$

应用定理 4-2-1 时，可写出如下的一串表达式：

$$\int g(x)\mathrm{d}x \xrightarrow{\text{恒等变形}} \int f[\varphi(x)]\varphi'(x)\mathrm{d}x = \int f[\varphi(x)]\mathrm{d}\varphi(x)$$

$$\xrightarrow{\text{代换}\ u=\varphi(x)} \int f(u)\mathrm{d}u \xrightarrow{\text{若}\ F'(x)=f(u)} F(u) + C$$

$$\xrightarrow{\text{还原}\ u=\varphi(x)} F[\varphi(x)] + C$$

这种积分方法称为**第一类换元积分法**. 应用时关键的一步在于将 $g(x)\mathrm{d}x$"凑成" $f[\varphi(x)]\mathrm{d}(\varphi(x))$，因而这种积分方法也称为**凑微分法**. 方法熟练后，可不必设 u.

例 4-2-1　求 $\int 3(2+3x)^7\mathrm{d}x$.

解　被积函数 $(2+3x)^7$ 是一个复合函数：$(2+3x)^7=u^7$，$u=2+3x$. 而 $\mathrm{d}(2+3x)=3\mathrm{d}x$，因此作变换 $u=2+3x$，得

$$\int 3(2+3x)^7\mathrm{d}x = \int (2+3x)^7 3\mathrm{d}x = \int (2+3x)^7 (2+3x)'\mathrm{d}x$$

$$= \int (2+3x)^7\mathrm{d}(2+3x) = \int u^7\mathrm{d}u = \frac{1}{8}u^8 + C$$

$$= \frac{1}{8}(2+3x)^8 + C$$

例 4-2-2　求 $\int \mathrm{e}^{1-2x}\mathrm{d}x$.

解　被积函数可看做由 $\mathrm{e}^{1-2x}=\mathrm{e}^u$，$u=1-2x$ 复合而成，而 $\mathrm{d}(1-2x)=-2\mathrm{d}x$，被积函数

中缺少的因子(-2)可进行如下处理：

$$e^{1-2x} = -\frac{1}{2} \cdot e^{1-2x} \cdot (-2) = -\frac{1}{2} \cdot e^{1-2x} \cdot (1-2x)'$$

于是

$$\int e^{1-2x} dx = -\frac{1}{2} \int e^{1-2x} \cdot (-2) dx = -\frac{1}{2} \int e^{1-2x} (1-2x)' dx = -\frac{1}{2} \int e^{1-2x} d(1-2x)$$

$$= -\frac{1}{2} \int e^u du = -\frac{1}{2} e^u + C = -\frac{1}{2} e^{1-2x} + C$$

例 4-2-3　求 $\int \cos x \sqrt{\sin x} dx$.

解　被积函数中，$\sqrt{\sin x} = \sqrt{u}$，$u = \sin x$，而 $d(\sin x) = \cos x dx$，因此作变换 $u = \sin x$，得

$$\int \cos x \sqrt{\sin x} dx = \int \sqrt{\sin x} \cdot (\sin x)' dx = \int \sqrt{\sin x} d(\sin x) = \int \sqrt{u} du$$

$$= \frac{2}{3} u^{\frac{3}{2}} + C = \frac{2}{3} \sqrt{\sin^3 x} + C$$

例 4-2-4　求 $\int \tan x dx$.

解　$\int \tan x dx = \int \frac{\sin x}{\cos x} dx = -\int \frac{1}{\cos x} d(\cos x)$

$$\xrightarrow{\text{设} \cos x = u} -\int \frac{1}{u} du = -\ln|x| + C$$

$$\xrightarrow{\text{回代} u = \cos x} -\ln|\cos x| + C$$

类似地，得

$$\int \cot x dx = \ln|\sin x| + C$$

比较熟练后，可不写出中间变量代换过程，直接通过凑微分进行计算.

例 4-2-5　求 $\int \frac{1}{x} \cdot \frac{1}{\ln x} dx$.

解　$\int \frac{1}{x} \cdot \frac{1}{\ln x} dx = \int \frac{1}{\ln x} d(\ln x) = \ln|\ln x| + C$

例 4-2-6　求 $\int \frac{\sqrt{1+4\ln x}}{x} dx$.

解　$\int \frac{\sqrt{1+4\ln x}}{x} dx = \int (1+4\ln x)^{\frac{1}{2}} d(\ln x) = \frac{1}{4} \int (1+4\ln x)^{\frac{1}{2}} d(1+4\ln x)$

$$= \frac{1}{6} (1+4\ln x)^{\frac{3}{2}} + C$$

例 4-2-7　求 $\int \frac{1}{a^2 + x^2} dx \ (a > 0)$.

解　$\int \frac{1}{a^2 + x^2} dx = \int \frac{1}{a^2} \cdot \frac{1}{1 + \left(\frac{x}{a}\right)^2} dx = \frac{1}{a} \int \frac{1}{1 + \left(\frac{x}{a}\right)^2} d\left(\frac{x}{a}\right)$

$$= \frac{1}{a} \arctan \frac{x}{a} + C$$

类似地，得

$$\int \frac{1}{\sqrt{a^2-x^2}}dx = \arcsin\frac{x}{a}+C \quad (a>0)$$

例 4-2-8　求 $\int \dfrac{1}{a^2+x^2}dx(a>0)$.

解　因为 $\dfrac{1}{a^2-x^2} = \dfrac{(a-x)+(a+x)}{(a+x)(a-x)} \cdot \dfrac{1}{2a} = \dfrac{1}{2a}\left(\dfrac{1}{a+x}+\dfrac{1}{a-x}\right)$，故

$$\int \frac{1}{a^2-x^2}dx = \frac{1}{2a}\int\left(\frac{1}{a+x}+\frac{1}{a-x}\right)dx$$

$$= \frac{1}{2a}\left[\int \frac{1}{a+x}d(a+x) - \int \frac{1}{a-x}d(a-x)\right]$$

$$= \frac{1}{2a}(\ln|a+x|-\ln|a-x|)+C = \frac{1}{2a}\ln\left|\frac{a+x}{a-x}\right|+C$$

由例 4-2-8，可推出

$$\int \frac{1}{x^2-a^2}dx = \frac{1}{2a}\ln\left|\frac{x-a}{x+a}\right|+C \quad (a>0)$$

例 4-2-9　求 $\int \cos^2 x dx$.

解　$\int \cos^2 x dx = \int \dfrac{1+\cos 2x}{2}dx = \dfrac{1}{2}\left(\int dx + \int \cos 2x dx\right)$

$$= \frac{1}{2}\int dx + \frac{1}{4}\int \cos 2x d2x = \frac{x}{2}+\frac{1}{4}\sin 2x+C$$

例 4-2-10　求 $\int \sin^2 x\cos^3 x dx$.

解　$\int \sin^2 x\cos^3 x dx = \int \sin^2 x\cos^2 x \cdot \cos x dx = \int \sin^2(1-\sin^2 x)d(\sin x)$

$$= \int (\sin^2 x - \sin^2 x)d(\sin x) = \frac{1}{3}\sin^3 - \frac{1}{5}\sin^5 x+C$$

例 4-2-11　求 $\int \sec x dx$.

解　$\int \sec x dx = \int \dfrac{\cos x}{\cos^2 x}dx = \int \dfrac{1}{1-\sin^2 x}d(\sin x)$

由例 4-2-8 知

$$\int \sec x dx = \frac{1}{2}\ln\left|\frac{1+\sin x}{1-\sin x}\right|+C$$

而

$$\frac{1+\sin x}{1-\sin x} = \frac{(1+\sin x)^2}{1-\sin^2 x} = \frac{(1+\sin x)^2}{\cos^2 x} = (\sec x+\tan x)^2$$

因此　　$\int \sec x dx = \dfrac{1}{2}\ln(\sec x+\tan x)^2+C = \ln|\sec x+\tan x|+C$

类似地，得

$$\int \csc x dx = \ln|\csc x-\cot x|+C$$

**例 4-2-12　求 $\displaystyle\int \cos3x\cos2x\mathrm{d}x$.

分析　利用三角学中的积化和差公式,对被积函数进行变形,然后再积分.

解　$\displaystyle\int \cos3x\cos2x\mathrm{d}x = \frac{1}{2}\int(\cos5x + \cos x)\mathrm{d}x = \frac{1}{10}\sin5x + \frac{1}{2}\sin x + C$

例 4-2-13　求 $\displaystyle\int \frac{1}{x(1+x^2)}\mathrm{d}x$.

解　$\displaystyle\int \frac{1}{x(1+x^2)}\mathrm{d}x = \int \frac{1+x^2-x^2}{x(1+x^2)}\mathrm{d}x = \int\left(\frac{1}{x} - \frac{x}{1+x^2}\right)\mathrm{d}x$

$$= \int \frac{1}{x}\mathrm{d}x - \frac{1}{2}\int \frac{1}{1+x^2}\mathrm{d}(1+x^2)$$

$$= \ln\mid x\mid -\frac{1}{2}\ln(1+x^2) + C$$

例 4-2-14　求 $\displaystyle\int \frac{1}{x^2}\mathrm{e}^{\frac{1}{x}}\mathrm{d}x$.

解　$\displaystyle\int \frac{1}{x^2}\mathrm{e}^{\frac{1}{x}}\mathrm{d}x = \int \mathrm{e}^{\frac{1}{x}}\mathrm{d}\left(\frac{1}{x}\right) = -\mathrm{e}^{\frac{1}{x}} + C$

在上面的例题中有些函数的不定积分今后经常用到,我们也可把它们作为基本积分公式使用:

(14) $\displaystyle\int \frac{1}{a^2+x^2}\mathrm{d}x = \frac{1}{a}\arctan\frac{x}{a} + C$

(15) $\displaystyle\int \frac{1}{a^2-x^2}\mathrm{d}x = \frac{1}{2a}\ln\left|\frac{a+x}{a-x}\right| + C$

(16) $\displaystyle\int \frac{1}{\sqrt{a^2-x^2}}\mathrm{d}x = \arctan\frac{x}{a} + C$

(17) $\displaystyle\int \tan x\mathrm{d}x = -\ln\mid\cos x\mid + C$

(18) $\displaystyle\int \cot x\mathrm{d}x = \ln\mid\sin x\mid + C$

(19) $\displaystyle\int \sec x\mathrm{d}x = \ln\mid\sec x + \tan x\mid + C$

(20) $\displaystyle\int \csc x\mathrm{d}x = \ln\mid\csc x - \cot x\mid + C$

例 4-2-15　求 $\displaystyle\int \frac{1}{\sqrt{x-x^2}}\mathrm{d}x$.

解　$\displaystyle\int \frac{1}{\sqrt{x-x^2}}\mathrm{d}x = \int \frac{1}{\sqrt{\frac{1}{4}-\left(x-\frac{1}{2}\right)^2}}\mathrm{d}\left(x-\frac{1}{2}\right) = \arcsin\left[\frac{x-\frac{1}{2}}{\frac{1}{2}}\right] + C$

$$= \arcsin(2x-1) + C$$

例 4-2-16　求 $\displaystyle\int \frac{1}{x^2+2x-3}\mathrm{d}x$.

解　$\displaystyle\int \frac{1}{x^2+2x-3}\mathrm{d}x = \int \frac{1}{(x+1)^2-4}\mathrm{d}(x+1) = \frac{1}{4}\ln\left|\frac{2-(x-1)}{2+(x+1)}\right| + C$

$$= \frac{1}{4} \ln \left| \frac{1-x}{3+x} \right| + C$$

例 4-2-17 求 $\int \frac{2x-1}{x^2+2x+2} dx$.

解 $\int \frac{2x-1}{x^2+2x+2} dx = \int \frac{2x+2-3}{x^2+2x+2} dx = \int \frac{2x+2}{x^2+2x+2} dx - 3\int \frac{1}{x^2+2x+2} dx$

$$= \int \frac{1}{x^2+2x+2} d(x^2+2x+2) - 3\int \frac{1}{1+(x+1)^2} d(x+1)$$

$$= \ln(x^2+2x+2) - 3\arctan(x+1) + C$$

4.2.2 第二类换元法

第一类换元法通过变量代换 $u = \varphi(x)$ 将积分 $\int f[\varphi(x)]\varphi'(x) dx$ 转换为易求的积分 $\int f(u)du$. 有时会遇到相反的情况,即适当地选择代换 $x = \psi(u)$,将不定积分 $\int f(x)dx$ 转换为易求的不定积分 $\int f[\psi(u)]\psi'(u)du$,这种方法称为**第二类换元法**.

定理 4-2-2 设 $x = \psi(u)$ 是单调的、可导的函数,并且 $\psi'(u) \neq 0$,如果

$$\int f[\psi(u)]\psi'(u)du = F(u) + C$$

则

$$\int f(x)dx = F[\tilde{\psi}(x)] + C$$

其中,$u = \tilde{\psi}(x)$ 是 $x = \psi(u)$ 的反函数.

**证 由假设

$$F'(u) = f[\psi(u)]\psi'(u) = f(x) \cdot \frac{du}{dx}$$

利用复合函数的求导法则及反函数的求导公式,推出

$$\frac{d}{dx} F[\tilde{\psi}(x)] = \frac{dF(u)}{dx} = F'(u) \cdot \frac{du}{dx} = f(x) \cdot \frac{dx}{du} \cdot \frac{du}{dx} = f(x)$$

这表明 $F[\tilde{\psi}(x)]$ 是 $f(x)$ 的一个原函数,从而

$$\int f(x)dx = F[\tilde{\psi}(x)] + C$$

证毕.

使用第二类换元公式的关键是合理地选择变量代换 $x = \psi(u)$,在具体计算时,形式上可写作

$$\int f(x)dx \xrightarrow{\text{令} x = \psi(x)} \int f[\psi(u)]\varphi'(u)du \xrightarrow{\text{设可积分}} F(u) + C$$

$$\xrightarrow{\text{回代} u = \tilde{\psi}(x)} F[\tilde{\psi}(x)] + C$$

下面举例说明第二类换元公式的应用.

1. 被积函数含根式 $\sqrt[n]{ax+b}$(n 为正整数,a、b 为常数)

例 4-2-18 求 $\int \frac{1}{1+\sqrt{x}} dx$.

解 令 $\sqrt{x}=u$,即作变量代换 $x=u^2(u>0)$,可将被积函数中根式化去,且 $dx=2udu$,于是所求积分转换为

$$\int \frac{1}{1+\sqrt{x}}dx = \int \frac{2u}{1+u}du = 2\int \frac{(u+1)-1}{1+u}du = 2\left(\int du - \int \frac{1}{1+u}du\right)$$

$$=2(u-\ln|1+u|)+C \xlongequal{\text{回代}} 2(\sqrt{x}+\ln|1+\sqrt{x}|)+C$$

例 4-2-19 求 $\int \frac{1}{\sqrt{x}+\sqrt[3]{x^2}}dx$.

解 令 $\sqrt[6]{x}=u$,即作变量代换 $x=u^6(u>0)$,$dx=6u^5du$,于是所求积分转换为

$$\int \frac{1}{\sqrt{x}+\sqrt[3]{x^2}}dx = \int \frac{1}{\sqrt[6]{x^3}+\sqrt[6]{x^4}}dx = \int \frac{1}{u^3+u^4}\cdot 6u^5du = 6\int \frac{u^2}{1+u}du$$

$$=6\int \frac{u^2-1+1}{1+u}du = 6\int \left(u-1+\frac{1}{1+u}\right)du$$

$$=6\left(\frac{1}{2}u^2-u+\ln|1+u|\right)+C$$

$$\xlongequal{\text{回代}} 3\sqrt[3]{x}-6\sqrt[6]{x}+6\ln|1+\sqrt[6]{x}|+C$$

例 4-2-20 求 $\int \frac{x+1}{x\sqrt{x-4}}dx$.

解 令 $\sqrt{x-4}=u$,即 $x=u^2+4(u>0)$,$dx=2udu$,于是

$$\int \frac{x+1}{x\sqrt{x-4}}dx = \int \frac{u^2+4+1}{(u^2+4)u}\cdot 2udu = 2\int \left(1+\frac{1}{4+u^2}\right)du$$

$$=2\left(u+\frac{1}{2}\arctan \frac{u}{2}\right)+C$$

$$\xlongequal{\text{回代}} 2\sqrt{x-4}+\arctan \frac{\sqrt{x-4}}{2}+C$$

例 4-2-21 求 $\int x\sqrt[3]{2x+1}dx$.

解 令 $\sqrt[3]{2x+1}=u$,即 $x=\frac{1}{2}(u^3-1)$,$dx=\frac{3}{2}u^2du$,于是

$$\int x\sqrt[3]{2x+1}dx = \int \frac{1}{2}(u^3-1)u\cdot \frac{3}{2}u^2du = \frac{3}{4}\int (u^6-u^3)du = \frac{3}{28}u^7-\frac{3}{16}u^4+C$$

$$=\frac{3}{28}(2x+1)^{\frac{7}{3}}-\frac{3}{16}(2x+1)^{\frac{4}{3}}+C$$

2. 被积函数含有根式 $\sqrt{a^2-x^2}$ 或 $\sqrt{x^2\pm a^2}$

例 4-2-22 求 $\int \sqrt{a^2-x^2}dx(a>0)$.

解 令 $x=a\sin u$,$u\in \left(-\frac{\pi}{2},\frac{\pi}{2}\right)$,利用三角公式 $\cos^2 x+\sin^2 x=1$,将被积函数所含根式化去,成为三角式,且 $dx=a\cos udu$,于是所求积分转换为

$$\int \sqrt{a^2 - x^2}\,\mathrm{d}x = \int a\cos u \cdot a\cos u\,\mathrm{d}u = a^2 \int \cos^2 u\,\mathrm{d}u$$

$$= \frac{a^2}{2}\int (1 + \cos 2u)\,\mathrm{d}u$$

$$= \frac{a^2}{2}\Big(u + \frac{1}{2}\sin 2u\Big) + C$$

根据变量代换 $x = a\sin u$ 作直角三角形（见图 4.1），求出

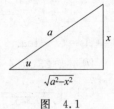

$$\sin u = \frac{x}{a}, \quad \cos u = \frac{\sqrt{a^2 - x^2}}{a}$$

$$\sin 2u = 2\sin u \cdot \cos u = \frac{2}{a^2} x \sqrt{a^2 - x^2}$$

图 4.1

把 u 回代成 x 的函数，得

$$\int \sqrt{a^2 - x^2}\,\mathrm{d}x = \frac{a^2}{2}\arcsin \frac{x}{a} + \frac{1}{2}x \sqrt{a^2 - x^2} + C$$

例 4-2-23 　求 $\displaystyle\int \frac{1}{\sqrt{x^2 - a^2}}\,\mathrm{d}x\,(a > 0)$.

解 　当 $x > a$ 时，令 $x = a\sec u\left(u \in \left(0, \dfrac{\pi}{2}\right)\right)$，可利用三角公式 $\sec^2 u - 1 = \tan^2 u$ 来化去被积函数中的根式，且 $\mathrm{d}x = a\sec u\tan u\,\mathrm{d}u$，$\sqrt{x^2 - a^2} = a\tan u$，于是

$$\int \frac{1}{\sqrt{x^2 - a^2}}\,\mathrm{d}x = \int \frac{a\sec u\tan u}{a\tan u}\,\mathrm{d}u = \int \sec u\,\mathrm{d}u$$

$$= \ln |\sec u + \tan u| + C$$

根据变量代换 $x = a\sec u$ 作直角三角形（见图 4.2），求出

$$\sec u = \frac{x}{a}, \quad \tan u = \frac{\sqrt{x^2 - a^2}}{a}$$

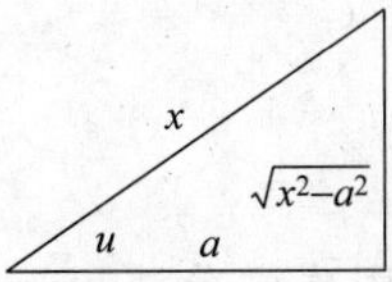

把 u 回代成 x 的函数，得

图 4.2

$$\int \frac{1}{\sqrt{x^2 - a^2}}\,\mathrm{d}x = \ln \left| \frac{x}{a} + \frac{\sqrt{x^2 - a^2}}{a} \right| + C$$

$$= \ln |x + \sqrt{x^2 - a^2}| + C$$

其中，$C = C_1 - \ln a$ 为任意常数，当 $x < -a$ 时，所求不定积分也为此形式.

例 4-2-24 　求 $\displaystyle\int \frac{1}{\sqrt{a^2 + x^2}}\,\mathrm{d}x\,(a > 0)$.

解 　令 $x = a\tan u\left(u \in \left(-\dfrac{\pi}{2}, \dfrac{\pi}{2}\right)\right)$，利用三角公式 $1 + \tan^2 u = \sec^2 u$ 化去被积函数中的根式，且 $\mathrm{d}x = a\sec^2 u\,\mathrm{d}u$，$\sqrt{x^2 + a^2} = a\sec u$，于是

$$\int \frac{1}{\sqrt{a^2 + x^2}}\,\mathrm{d}x = \int \frac{a\sec^2 u}{a\sec u}\,\mathrm{d}u = \int \sec u\,\mathrm{d}u$$

$$= \ln |\sec u + \tan u| + C_1$$

根据变量代换 $x=a\tan u$ 作直角三角形(见图 4.3),求出

$$\sec u = \frac{\sqrt{x^2+a^2}}{a}, \quad \tan u = \frac{x}{a}$$

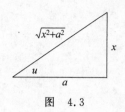

图　4.3

把 u 回代成 x 的函数,得

$$\int \frac{1}{\sqrt{a^2+x^2}}\mathrm{d}x = \ln|x+\sqrt{x^2+a^2}|+C$$

其中,$C=C_1-\ln a$.

例 4-2-23、例 4-2-24 的结果也可作为基本积分公式使用.

(21) $\int \dfrac{1}{\sqrt{x^2+a^2}}\mathrm{d}x = \ln|x+\sqrt{x^2+a^2}|+C$

(22) $\int \dfrac{1}{\sqrt{x^2-a^2}}\mathrm{d}x = \ln|x+\sqrt{x^2-a^2}|+C$

例 4-2-25　求 $\displaystyle\int \frac{1}{x^2\sqrt{4-x^2}}\mathrm{d}x$.

解　令 $x=2\sin u$,则 $\mathrm{d}x=2\cos u\mathrm{d}u$,$\sqrt{4-x^2}=2\cos u$,于是

$$\int \frac{1}{x^2\sqrt{4-x^2}}\mathrm{d}x = \int \frac{2\cos u}{4\sin^2 u \cdot 2\cos u}\mathrm{d}u$$

$$= \frac{1}{4}\int \csc^2 u\,\mathrm{d}u = -\frac{1}{4}\cot u + C$$

根据变量代换 $x=2\sin u$ 作直角三角形(见图 4.4),求出

$$\cot u = \frac{\sqrt{4-x^2}}{x}$$

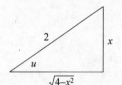

图　4.4

把 u 回代成 x 的函数,得

$$\int \frac{1}{x^2\sqrt{4-x^2}}\mathrm{d}x = -\frac{\sqrt{4-x^2}}{4x} + C$$

例 4-2-26　求 $\displaystyle\int x\sqrt{x^2-a^2}\mathrm{d}x$.

解　被积函数含有二次根式,用三角代换 $x=a\sec u$ 化去根号.再用凑微分法 $x\mathrm{d}x=\dfrac{1}{2}\mathrm{d}(x^2-a^2)$,则

$$\int x\sqrt{x^2-a^2}\mathrm{d}x = \frac{1}{2}\int (x^2-a^2)^{\frac{1}{2}}\mathrm{d}(x^2-a^2)$$

$$= \frac{1}{3}(x^2-a^2)^{\frac{3}{2}} + C$$

其方法要比用三角变换简单得多.

4.3　分部积分法

由函数乘积的求导公式,可得到不定积分又一重要方法——分部积分法.

设函数 $u=u(x)$,$v=v(x)$ 均有连续的导数,由

$$(uv)' = u'v + uv'$$

得

$$uv' = (uv)' - u'v$$

两边求不定积分,得

$$\int uv' dx = uv - \int u'v dx$$

或写作

$$\int u dv = uv - \int v du$$

这就是分部积分公式,当 $\int u'v dx$ 比 $\int uv' dx$ 容易计算时,就可应用分部积分法.

例 4-3-1 求 $\int x\cos x dx$.

解 选择 $\cos x$ 进入微分 dx,由 $\cos x dx = d(\sin x)$ 即 $u = x, dv = \cos x dx$,则 $v = \sin x$,
于是

$$\int x\cos x dx = \int x d(\sin x) = x\sin x - \int \sin x dx$$
$$= x\sin x + \cos x + C$$

因为积分 $\int x^2 \sin x dx$ 比原积分更复杂,所以不应该这样做.

例 4-3-2 求 $\int x^2 e^x dx$.

解 设 $u = x^2$、$dv = e^x dx$,则 $v = e^x$,从而选 e^x 进入微分 dx,于是

$$\int x^2 e^x dx = \int x^2 d(e^x) = \left[x^2 e^x - \int e^x d(x^2) \right]$$
$$= x^2 e^x - 2\int x e^x dx$$

在应用了一次分部积分公式后,虽然没有求出结果,但简化了原积分. 将 $\int x e^x dx$ 再次分
部积分,得

$$\int x^2 e^x dx = \int x d(e^x) = x e^x - \int e^x d = x e^x - e^x + C$$
$$= e^x(x-1) + C$$

代入上式,得

$$\int x^2 e^x dx = x^2 e^x - 2 e^x(x-1) + C$$
$$= e^x(x^2 - 2x + 2) + C$$

从上面的例子可以看出,当被积表达式形如 $x^n \sin ax dx, x^n \cos ax dx, x^n e^{ax} dx$($n$ 为正整
数)时,取 $u = x^n$,其余作为 dv,然后应用分部积分公式.

例 4-3-3 求 $\int x\ln x dx$.

解 设 $u = \ln x, dv = x dx$,则 $v = \dfrac{x^2}{2}$. 从而选 x 进入微分 dx,于是

$$\int x\ln x\mathrm{d}x = \frac{1}{2}\int \ln x\mathrm{d}(x^2) = \frac{1}{2}\left[x^2\ln x - \int x^2\mathrm{d}(\ln x)\right]$$

$$= \frac{1}{2}x^2\ln x - \frac{1}{2}\int x^2\cdot\frac{1}{x}\mathrm{d}x$$

$$= \frac{1}{2}x^2\ln x - \frac{1}{4}x^2 + C$$

例 4-3-4 求 $\int \arcsin x\mathrm{d}x$.

解 取 $v=x,u=\arcsin x,\mathrm{d}v=\mathrm{d}x$,使用分部积分公式得

$$\int \arcsin x\mathrm{d}x = x\cdot\arcsin x - \int x\mathrm{d}(\arcsin x) = x\arcsin x - \int \frac{x}{\sqrt{1-x^2}}\mathrm{d}x$$

$$= x\arcsin x + \frac{1}{2}\int (1-x^2)^{-\frac{1}{2}}\mathrm{d}(1-x^2)$$

$$= x\arcsin x + \sqrt{1-x^2} + C$$

由上面的例子可以看出,当被积表达式形如 $x^n\ln x\mathrm{d}x$,$x^n\arcsin x\mathrm{d}x$,$x^n\arctan x\mathrm{d}x$(n 正整数或零)时,选择幂函数 x^n 进入微分 $\mathrm{d}x$,然后应用分部积分法.

例 4-3-5 求 $\int \mathrm{e}^x\sin x\mathrm{d}x$.

解 令 $u=\sin x,\mathrm{d}v=\mathrm{e}^x\mathrm{d}x$,那么 $v=\mathrm{e}^x$,于是

$$\int \mathrm{e}^x\sin x\mathrm{d}x = \int \sin x\mathrm{d}(\mathrm{e}^x) = \mathrm{e}^x\sin x - \int \mathrm{e}^x\mathrm{d}(\sin x)$$

$$= \mathrm{e}^x\sin x - \int \mathrm{e}^x\cos x\mathrm{d}x = \mathrm{e}^x\sin x - \int \cos x\mathrm{d}(\mathrm{e}^x)$$

$$= \mathrm{e}^x\sin x - \mathrm{e}^x\cos x - \int \mathrm{e}^x\sin x\mathrm{d}x$$

右端最后一项的积分为原所求的不定积分,将它移到等号左端去,再两端除以 2,得

$$\int \mathrm{e}^x\sin x\mathrm{d}x = \frac{1}{2}\mathrm{e}^x(\sin x - \cos x) + C$$

例 4-3-5 中,也可以两次都取三角函数进入微分 $\mathrm{d}x$ 来求解.

例 4-3-6 求 $\int \sin\sqrt{x}\mathrm{d}x$.

解 令 $\sqrt{x}=u$,则 $x=u^2(u>0)$,$\mathrm{d}x=2u\mathrm{d}u$,于是

$$\int \sin\sqrt{x}\mathrm{d}x = \int \sin u\cdot 2u\mathrm{d}u = 2\int u\sin u\mathrm{d}u = -2\int u\mathrm{d}(\cos u)$$

$$= -2\left(u\cos u - \int \cos u\mathrm{d}u\right) = -2(u\cos u - \sin u) + C$$

$$= 2(\sin\sqrt{x} - \sqrt{x}\cos\sqrt{x}) + C$$

第5章　定积分及其几何上的应用

定积分是积分学中另一个基本问题.本章先从实际问题引入定积分的概念,然后讨论定积分的性质与计算方法.

5.1　定积分的概念与性质

5.1.1　定积分问题的实例

例 5-1-1　设 $y=f(x)$ 是定义在闭区间 $[a,b]$ 内的非负连续函数,由曲线 $y=f(x)$,直线 $x=a,x=b$ 及 x 轴所围成的平面图形称为**曲边梯形**,如图 5.1 所示.其中,曲线弧称为**曲边**,求曲边梯形的面积 A.

解　如果 $f(x)$ 在 $[a,b]$ 内是常数,则曲边梯形是一个矩形,其面积容易求出.而现在 DC 是一条曲线弧,在这弧段上每一点的高度是不同的,因而不能用初等几何的方法解决.但是,如果我们把底边分割成若干小段,并在每个分点作垂直于 x 轴的直线,这样就将整个曲边梯形分成若干个小曲边梯形.对于每一个小曲边梯形,由于其底边很短,高度变化也不大,可以将小曲边梯形近似地看做小矩形,求其面积.显然,只要曲边梯形底边分割得足够细,那么小矩形的面积与相应的小曲边梯形的面积就会足够接近,所有小矩形面积之和就足够逼近原来的曲边梯形的面积 A.因此,当每个小区间的长度都趋于零时,所有小矩形面积之和的极限就可定义为曲边梯形的面积 A,如图 5.2 所示.由此得到求曲边梯形面积的方法,其具体步骤如下.

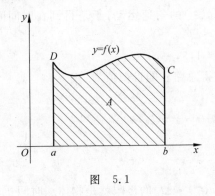

图　5.1

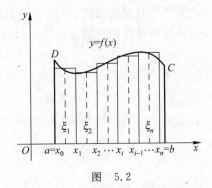

图　5.2

(1) 分割.在 $[a,b]$ 中任意插入分点 $x_1,x_2,\cdots,x_{n-1}$,且 $a=x_0<x_1<\cdots<x_{i-1}<x_i<\cdots<x_n=b$.这些分点将 $[a,b]$ 分成 n 个小区间:
$$[x_0,x_1],\cdots,[x_{i-1},x_i],\cdots,[x_{n-1},x_n]$$
小区间 $[x_{i-1},x_i]$ 的长度记作 $\Delta x_i=x_i-x_{i-1},i=1,2,\cdots,n$.

过各分点作垂直于 Ox 轴的直线,把整个曲线梯形分成 n 个小曲边梯形.

(2) 作近似.在小区间 $[x_{i-1},x_i]$ 上任选一点 $\xi_i\in[x_{i-1},x_i]$,用窄矩形面积 $f(\xi_i)\cdot\Delta x_i$

近似代替第 i 个小曲边梯形的面积 ΔA_i,即

$$\Delta A_i \approx f(\xi_i) \cdot \Delta x_i \quad (i=1,2,\cdots,n)$$

(3)求和.把这 n 个窄矩形的面积相加,得到曲边梯形面积 A 的近似值,即

$$A = \Delta A_1 + \Delta A_2 + \cdots + \Delta A_i + \cdots + \Delta A_n$$
$$\approx f(\xi_1) \cdot \Delta x_1 + f(\xi_2) \cdot \Delta x_2 + \cdots + f(\xi_i) \cdot \Delta x_i + \cdots + f(\xi_n) \cdot \Delta x_n$$
$$= \sum_{i=1}^{n} f(\xi_i) \cdot \Delta x_i$$

(4)取极限.让 $\lambda = \max\limits_{1 \leqslant x \leqslant n}\{\Delta x_i\}$,当 $\lambda \to 0$ 时,$\sum\limits_{i=1}^{n} f(\xi_i) \cdot \Delta x_i$ 的极限就是曲边梯形的面积 A,即

$$A = \lim_{\lambda \to 0} \sum_{i=1}^{n} f(\xi_i) \cdot \Delta x_i$$

例 5-1-2 设一物体作直线运动,已知速度 $v=v(t)$ 是时间间隔$[T_1,T_2]$内的连续函数,且$v(t) \geqslant 0$,求时间 t 内物体所经过的路程 s.

解 如果物体作均匀直线运动,则路程 $s=v(T_2-T_1)$.但现在速度随时间 t 变化,不能按此计算路程.由于速度 $v(t)$ 是连续变化的,在很短一段时间里,速度的变化很小,近似于等速.因此,在时间间隔很短的条件下,可以用匀速运动来代替变速运动.这样,我们可以应用求曲边梯形面积所采用的方法,由如下四步求路程 s.

(1)分割.在时间间隔$[T_1,T_2]$之间插入分点 $t_1,t_2,\cdots,t_{n-1}$,且

$$T_1 = t_0 < t_1 < \cdots < t_{i-1} < t_i < \cdots < t_n = T_n$$

这些分点将$[T_1,T_2]$分成 n 个小段:

$$[t_0,t_1],\cdots,[t_{i-1},t_i],\cdots,[t_{n-1},t_n]$$

小区间$[t_{i-1},t_i]$的长度记作 $\Delta t_i = t_i - t_{i-1}(i=1,2,\cdots,n)$.

(2)作近似.在时间间隔$[t_{i-1},t_i]$内任选一时刻 $\xi_i \in [t_{i-1},t_i]$,以 ξ_i 处的速度 $v(\xi_i)$ 代替$[t_{i-1},t_i]$上各个时刻的速度,即将运动看做速度是 $v(\xi_i)$ 的匀速运动,于是得到在时间间隔$[t_{i-1},t_i]$内物体经过的路程 Δs_i 的近似值,即

$$\Delta s_i \approx v(\xi_i) \cdot \Delta t_i \quad (i=1,2,\cdots,n)$$

(3)求和.将 $\Delta s_i(i=1,2,\cdots,n)$ 的近似值求和,得总路程的近似值为

$$s = \Delta s_1 + \Delta s_2 + \cdots + \Delta s_n$$
$$\approx v(\xi_1) \cdot \Delta t_1 + v(\xi_2) \cdot \Delta t_2 + \cdots + v(\xi_n) \cdot \Delta t_n$$
$$= \sum_{i=1}^{n} v(\xi_i) \cdot \Delta t_i$$

(4)取极限.记 $\lambda = \max\limits_{1 \leqslant x \leqslant n}\{\Delta t_i\}$,当 $\lambda \to 0$ 时,$\sum\limits_{i=1}^{n} v(\xi_i) \cdot \Delta t_i$ 的极限就是物体从时间 T_1 到 T_2 所经过的路程 s,即

$$s = \lim_{\lambda \to 0} \sum_{i=1}^{n} v(\xi_i) \cdot \Delta t_i$$

事实上,在自然界中还有众多的量,如曲线弧的长度、旋转体的体积、非均匀细棒的质量、变力作功等,尽管它们的具体意义各不相同,但解决问题的方法如同上面所讨论的两个实际问题,都可采用分割、作近似、求和、取极限四个步骤,并且最后都归结为具有相同结构

的一种特定和式的极限.

5.1.2　定积分的定义

定义 5-1-1　设函数 $f(x)$ 是定义在 $[a,b]$ 内的有界函数,用任意个分点 $a=x_0<x_1$ $<x_2<\cdots<x_{i-1}<x_i<\cdots<x_n=b$ 将区间 $[a,b]$ 分成 n 个小区间 $[x_0,x_1]$,$[x_1,x_2]$,$\cdots$,$[x_{n-1},x_n]$,记 $\Delta x_i=x_i-x_{i-1}$ 为第 i 个小区间的长度.在第 i 个小区间 $[x_{i-1},x_1]$ 内任意取一点 $\xi_i(i=1,2,\cdots,n)$,作和式 $\sum\limits_{i=1}^{n}f(\xi_i)\cdot\Delta x_i$.记 $\lambda=\max\limits_{1\leqslant x\leqslant n}\{\Delta x_i\}$,如果不论分点的怎样取法,也不论在小区间 $[x_{i-1},x_1]$ 中点 ξ_i 怎样取法,极限 $\lim\limits_{\lambda\to0}\sum\limits_{i=1}^{n}f(\xi_i)\cdot\Delta t_i$ 是确定的值,则称 $f(x)$ 在 $[a,b]$ 内可积,且称这个极限是 $f(x)$ 在 $[a,b]$ 内的定积分,记作 $\int_a^b f(x)\mathrm{d}x$,即

$$\int_a^b f(x)\mathrm{d}x=\lim_{\lambda\to0}\sum_{i=1}^{n}f(\xi_i)\Delta x_i \tag{5-1}$$

其中,$f(x)$ 称为**被积函数**;$f(x)\mathrm{d}x$ 称为**被积表达式**;x 称为**积分变量**;$[a,b]$ 称为**积分区间**;a,b 分别称为**积分下限和积分上限**.

由定积分的定义,前面所讨论的曲边梯形面积 A 以及变速直线运动的路程 s 可分别表示为

$$A=\int_a^b f(x)\mathrm{d}x,\quad s=\int_{T_1}^{T_2}v(t)\mathrm{d}t$$

关于定积分的定义有如下几点说明.

(1) 定积分 $\int_a^b f(x)\mathrm{d}x$ 是一个数,它只取决于积分区间和被积函数,与积分变量用什么字母无关,即

$$\int_a^b f(x)\mathrm{d}x=\int_a^b f(t)\mathrm{d}t$$

(2) 在定积分的定义中,我们曾假设 $a<b$,为了方便计算及应用,我们对定积分作以下两点补充规定:

① 当 $a>b$ 时,$\int_a^b f(x)\mathrm{d}x=-\int_b^a f(x)\mathrm{d}x$;

② 当 $a=b$ 时,$\int_a^b f(x)\mathrm{d}x=0$.

(3) $f(x)$ 在 $[a,b]$ 内可积的充分条件是:函数 $f(x)$ 在 $[a,b]$ 上连续或只有有限个第一类间断点.

5.1.3　定积分的性质

在下面的讨论中假设被积函数都可积.

性质 1　两个可积函数的代数和的定积分等于它们各自定积分的代数和,即

$$\int_a^b [f(x)\pm g(x)]\mathrm{d}x=\int_a^b f(x)\mathrm{d}x\pm\int_a^b g(x)\mathrm{d}x$$

此性质对有限个可积函数的代数和也适用.

性质 2　被积函数中的常数因子可提到积分号外,即

$$\int_a^b kf(x)\mathrm{d}x = k\int_a^b f(x)\mathrm{d}x \quad (k\text{ 为常数})$$

性质 3　如果在区间 $[a,b]$ 内, $f(x)=k(k$ 为常数),则

$$\int_a^b k\,\mathrm{d}x = k(b-a) \quad (k\text{ 为常数})$$

特别地,当 $k=1$ 时,有

$$\int_a^b \mathrm{d}x = (b-a)$$

性质 4　无论 a,b,c 的相关位置如何,总有

$$\int_a^b f(x)\mathrm{d}x = \int_a^c f(x)\mathrm{d}x + \int_c^b f(x)\mathrm{d}x$$

性质 5　如果在 $[a,b]$ 内 $g(x)\leqslant f(x)$,则

$$\int_a^b g(x)\mathrm{d}x \leqslant \int_a^b f(x)\mathrm{d}x$$

特别地,若在 $[a,b]$ 内 $f(x)\geqslant0$,则

$$\int_a^b f(x)\mathrm{d}x \geqslant 0$$

性质 1～性质 5 均可由定积分定义证明,这里从略.

性质 6　设 M 和 m 分别是 $f(x)$ 在闭区间 $[a,b]$ 内的最大与最小值,则

$$m(b-a) \leqslant \int_a^b f(x)\mathrm{d}x \leqslant M(b-a)$$

证　因为 $m\leqslant f(x)\leqslant M$,由性质 5,得

$$\int_a^b m\,\mathrm{d}x \leqslant \int_a^b f(x)\mathrm{d}x \leqslant \int_a^b M\,\mathrm{d}x$$

又由性质 3,即有

$$m(b-a) \leqslant \int_a^b f(x)\mathrm{d}x \leqslant M(b-a)$$

证毕.

利用性质 6,可以估计定积分的大致范围. 例如,对于定积分 $\int_{-1}^2 (x^2+4)\mathrm{d}x$,它的被积函数 $f(x)=x^2+4$ 在积分闭区间 $[-1,2]$ 内的最大值 $M=f(2)=8$,最小值 $m=f(0)=4$. 由性质 6,得

$$4\times[2-(-1)] \leqslant \int_{-1}^2 (x^2+4)\mathrm{d}x \leqslant 8\times[2-(-1)]$$

即

$$12 \leqslant \int_{-1}^2 (x^2+4)\mathrm{d}x \leqslant 24$$

性质 7(积分中值定理)　设函数 $f(x)$ 在闭区间 $[a,b]$ 内连续,则在 $[a,b]$ 内至少存在一点 ξ,使

$$\int_a^b f(x)\mathrm{d}x = f(\xi)\cdot(b-a)$$

证　因为函数 $f(x)$ 在 $[a,b]$ 内连续,所以函数 $f(x)$ 在 $[a,b]$ 内有最大值和最小值. 设 M 和 m 分别是连续函数 $f(x)$ 在 $[a,b]$ 内的最大和最小值,则由性质 6,得

$$m(b-a) \leqslant \int_a^b f(x)\mathrm{d}x \leqslant M(b-a)$$

即

$$m \leqslant \frac{1}{b-a}\int_a^b f(x)\mathrm{d}x \leqslant M$$

根据闭区间上连续函数的介值定理,在$[a,b]$内至少存在一点ξ,使

$$f(\xi) = \frac{1}{b-a}\int_a^b f(x)\mathrm{d}x$$

即

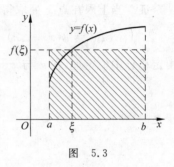

$$\int_a^b f(x)\mathrm{d}x = f(\xi)(b-a)$$

当 $f(x) \geqslant 0$ 时,积分中值定理有如下的几何理解.

在$[a,b]$内至少存在一点 ξ,使以$[a,b]$为底,曲线 $y=f(x)$为曲边的曲边梯形的面积等于以$[a,b]$为底,$f(\xi)$为高的矩形面积,如图 5.3 所示.通常称 $f(\xi)$为该曲边梯形在$[a,b]$内的"平均高度",也称它为 $f(\xi)$在$[a,b]$内的平均值,这是有限个数的算术平均值概念的推广.

图 5.3

5.2 牛顿—莱布尼兹公式

用定积分的定义计算定积分是很烦琐的,本节通过揭示定积分与原函数的关系,导出定积分的基本公式:牛顿—莱布尼兹公式.

5.2.1 变上限的定积分

设物体作变速直线运动,其速度 $v=v(t)$,我们已经知道在时间间隔$[T_1,T_2]$内经过的路程为 $s = \int_{T_1}^{T_2} v(t)\mathrm{d}t$.另一方面,假若能找到路程 s 与 t 的函数 $s(t)$,则此函数在$[T_1,T_2]$内的改变量 $s(T_2)-s(T_1)$就是物体在这段时间间隔中所经过的路程,于是可得

$$\int_{T_1}^{T_2} v(t)\mathrm{d}t = s(T_2) - s(T_1) \tag{5-2}$$

由第 2 章知,$s'(t)=v(t)$,即 $s(t)$是 $v(t)$是原函数,因此求变速运动的物体在时间间隔$[T_1,T_2]$内所经过的路程就转化为寻求 $v(t)$的原函数 $s(t)$在$[T_1,T_2]$内的改变量.

这个实际问题的结论式(5-2)是否具有普遍性? 也就是说,函数 $f(x)$在$[a,b]$内的定积分 $\int_a^b f(x)\mathrm{d}x$ 是否等于 $f(x)$ 的原函数 $F(x)$ 在$[a,b]$ 内的改变量 $F(b)-F(a)$ 呢? 在解决这个问题之前,我们先讨论原函数的存在问题.

设函数 $f(x)$在闭区间$[a,b]$内连续,当 x 取$[a,b]$内任一定值时,$\int_a^x f(t)\mathrm{d}t$ 有唯一定值与 x 对应. 因此 $\int_a^x f(t)\mathrm{d}t$ 在区间$[a,b]$内确定了一个 x 的函数,如图 5.4

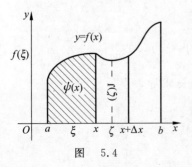

图 5.4

所示,称它为变上限定积分所确定的函数,简称变上限定积分,记作

$$\psi(x) = \int_a^x f(t)\mathrm{d}t \quad (x \in [a,b]) \tag{5-3}$$

定理 5-2-1　如果函数 $f(x)$ 在 $[a,b]$ 内连续,则变上限定积分 $\psi(x) = \int_a^x f(t)\mathrm{d}t$ 在 $[a,b]$ 内可导,且

$$\psi'(x) = \frac{\mathrm{d}}{\mathrm{d}x}\int_a^x f(t)\mathrm{d}t = f(x) \tag{5-4}$$

证　当上限在点 x 处取得改变量 Δx 时,函数 $\psi(x)$ 的改变量

$$\Delta\psi = \psi(x+\Delta x) - \psi(x) = \int_a^{x+\Delta x} f(t)\mathrm{d}t - \int_a^x f(t)\mathrm{d}t = \int_x^{x+\Delta x} f(t)\mathrm{d}t$$

由定积分中值定理,在 x 与 $x+\Delta x$ 之间至少存在一点 ξ(见图 5.4),使得

$$\Delta\psi = \int_x^{x+\Delta x} f(t)\mathrm{d}t = f(\xi) \cdot \Delta x$$

于是

$$\frac{\Delta\psi}{\Delta x} = f(\xi)$$

上式两边同时取极限

$$\lim_{\Delta x \to 0}\frac{\Delta\psi}{\Delta x} = \lim_{\Delta x \to 0} f(\xi)$$

当 $\Delta x \to 0$ 时,$\xi \to x$,又由于 $f(x)$ 在闭区间 $[a,b]$ 内连续,因此上式右端的极限存在且为 $f(x)$,于是

$$\lim_{\Delta x \to 0}\frac{\Delta\psi}{\Delta x} = \lim_{\xi \to x} f(\xi) = f(x)$$

即

$$\psi'(x) = f(x)$$

证毕.

由定理 5-2-1 可知,如果 $f(x)$ 在闭区间 $[a,b]$ 内连续,则 $\psi(x) = \int_a^x f(x)\mathrm{d}t$ 就是 $f(x)$ 的一个原函数,从而解决第 4 章留下的原函数存在的问题.

例 5-2-1　求 $\dfrac{\mathrm{d}}{\mathrm{d}x}\left(\int_0^x \sqrt{1+t^4}\mathrm{d}t\right)$.

解　$\dfrac{\mathrm{d}}{\mathrm{d}x}\left(\int_0^x \sqrt{1+t^4}\mathrm{d}t\right) = \sqrt{1+x^4}$

例 5-2-2　已知 $\int_x^a f(t)\mathrm{d}t = \mathrm{e}^{2x} - \mathrm{e}$,求 $f(x)$.

解　由于

$$\frac{\mathrm{d}}{\mathrm{d}x}\left(\int_x^a f(t)\mathrm{d}t\right) = \frac{\mathrm{d}}{\mathrm{d}x}\left(-\int_a^x f(t)\mathrm{d}t\right) = -f(x)$$

将关系式 $\int_x^a f(t)\mathrm{d}x = \mathrm{e}^{2x} - \mathrm{e}$ 等号两边分别对自变量 x 求导,得

$$-f(x) = 2\mathrm{e}^{2x}$$

即

$$f(x) = -2\mathrm{e}^{2x}$$

5.2.2　牛顿—莱布尼兹公式

现在我们将式(5-2)的结果进行推广,从而得到用原函数计算定积分的公式.

定理 5-2-2　如果函数 $F(x)$ 是连续函数 $f(x)$ 在闭区间 $[a,b]$ 内的任一原函数,则

$$\int_a^b f(x)\mathrm{d}x = F(b) - F(a) \tag{5-5}$$

证　因为 $f(x)$ 在 $[a,b]$ 上连续,由定理 5-2-1 和 $\psi(x) = \int_a^x f(t)\mathrm{d}t (x \in [a,b])$ 也是 $f(x)$ 的一个原函数,因而与 $F(x)$ 相差一个常数,即

$$F(x) - \int_a^x f(t)\mathrm{d}t = C$$

在上式中,令 $x=a$,得

$$F(a) - \int_a^a f(t)\mathrm{d}t = C$$

因为 $\int_a^a f(t)\mathrm{d}t = 0$,故 $C = F(a)$. 于是上式成为

$$F(x) - \int_a^x f(t)\mathrm{d}t = F(a)$$

再令 $x=b$,得

$$F(x) - \int_a^b f(t)\mathrm{d}t = F(a)$$

即

$$\int_a^b f(t)\mathrm{d}t = F(b) - F(a)$$

因为定积分与积分变量无关,仍用 x 表示积分变量,即得公式(5-5).证毕.

式(5-5)称为**牛顿—莱布尼兹公式**,也称为**微积分基本公式**.

使用式(5-5)时,原函数 $F(x)$ 在 $[a,b]$ 内的改变量 $F(b)-F(a)$ 通常记作 $F(x)\big|_a^b$,于是牛顿—莱布尼兹公式又可写为

$$\int_a^b f(x)\mathrm{d}x = F(x)\big|_a^b$$

牛顿—莱布尼兹公式揭示了定积分与原函数之间的联系,它表明:一个连续函数在某个区间上的定积分等于它的任何一个原函数在该区间内的改变量. 它为定积分计算提供了一个简便的方法.

例 5-2-3　求 $\int_1^4 \sqrt{x}\mathrm{d}x$.

解　因为

$$\int \sqrt{x}\mathrm{d}x = \frac{2}{3}x^{\frac{3}{2}} + C$$

所以

$$\int_1^4 \sqrt{x}\mathrm{d}x = \frac{2}{3}x^{\frac{3}{2}}\bigg|_1^4 = \frac{2}{3} \times 4^{\frac{3}{2}} - \frac{2}{3} \times 1^{\frac{3}{2}} = 4\frac{2}{3}$$

例 5-2-4　求 $\int_{-2}^{-8} \frac{1}{x} \mathrm{d}x$.

解　因为

$$\int \frac{1}{x} \mathrm{d}x = \ln |x| + C$$

所以

$$\int_{-2}^{-8} \frac{1}{x} \mathrm{d}x = \ln |x| \big\|_{-2}^{-8} = \ln 8 - \ln 2 = 2\ln 2$$

例 5-2-5　求 $\int_0^\pi \cos^2 \frac{x}{2} \mathrm{d}x$.

解　$\int_0^\pi \cos^2 \frac{x}{2} \mathrm{d}x = \int_0^\pi \frac{1 + \cos x}{2} \mathrm{d}x = \frac{1}{2} \int_0^\pi (1 + \cos x) \mathrm{d}x$

$$= \frac{1}{2} \left(\int_0^\pi \mathrm{d}x + \int_0^\pi \cos x \mathrm{d}x \right) = \frac{1}{2} (x \mid_0^\pi + \sin x \mid_0^\pi) = \frac{\pi}{2}$$

例 5-2-6　求 $\int_0^1 \frac{x^4}{1 + x^2} \mathrm{d}x$.

解　$\int_0^1 \frac{x^4}{1 + x^2} \mathrm{d}x = \int_0^1 \frac{x^4 - 1 + 1}{1 + x^2} \mathrm{d}x = \int_0^1 \left(x^2 - 1 + \frac{1}{1 + x^2} \right) \mathrm{d}x$

$$= \int_0^1 x^2 \mathrm{d}x - \int_0^1 \mathrm{d}x + \int_0^1 \frac{1}{1 + x^2} \mathrm{d}x = \frac{1}{3} x^3 \Big|_0^1 - x \mid_0^1 + \arctan x \mid_0^1$$

$$= -\frac{2}{3} + \frac{\pi}{4}$$

例 5-2-7　求 $\int_{-1}^3 \sqrt{4 - 4x + x^2} \mathrm{d}x$.

解　$\int_{-1}^3 \sqrt{4 - 4x + x^2} \mathrm{d}x = \int_{-1}^3 |2 - x| \mathrm{d}x = \int_{-1}^2 (2 - x) \mathrm{d}x + \int_2^3 (x - 2) \mathrm{d}x$

$$= \int_{-1}^2 2\mathrm{d}x - \int_{-1}^2 x \mathrm{d}x + \int_3^2 x \mathrm{d}x - 2\int_2^3 \mathrm{d}x$$

$$= 2x \mid_{-1}^2 - \frac{1}{2} x^2 \Big|_{-1}^2 + \frac{1}{2} x^2 \mid_3^2 - 2x \mid_2^3 = 5$$

例 5-2-8　一质点以速度 $v(t) = t^2 - t + 6 (\mathrm{m/s})$ 沿直线运动,计算在时间间隔 $[1,4]$ 内的位移.

解　$s = \int_1^4 v(t) \mathrm{d}t = \int_1^4 (t^2 - t + 6) \mathrm{d}t = \left(\frac{1}{3} t^3 - \frac{1}{2} t^2 + 6t \right) \Big|_1^4 = 31.5$

这说明质点沿直线移动了 $31.5\mathrm{m}$.

5.3　定积分的换元法与分部积分法

牛顿—莱布尼兹公式给出了计算定积分的简便方法,但是有时原函数很难直接求出.本节我们引进定积分的换元法和分部积分法.

5.3.1　定积分的换元法

设函数 $f(x)$ 在 $[a,b]$ 内连续,函数 $x = \varphi(u)$ 在 $[\alpha,\beta]$ 内单调且有连续并不为零的导数

$\varphi'(u)$，又 $\varphi(\alpha)=a,\varphi(\beta)=b$，则

$$\int_a^b f(x)\mathrm{d}x = \int_\alpha^\beta f[\varphi(u)]\varphi'(u)\mathrm{d}u \tag{5-6}$$

式(5-6)称为定积分的换元积分公式，它与不定积分换元积分公式是平行的. 从左到右使用式(5-6)时，相当于不定积分的第二类换元法. 使用时有两点值得注意.

（1）用 $x=\varphi(u)$ 把原来的变量 x 换成新变量 u 时，积分限也要换成相应新变量 u 的积分限.

（2）求出 $f[\varphi(u)]\varphi'(u)$ 的一个原函数 $F(u)$ 后，不必像计算不定积分那样要把 $F(u)$ 变换成原来的变量 x 的函数，而只需把新变量 u 的上、下限分别代入 $F(u)$ 中.

例 5-3-1　求 $\displaystyle\int_0^8 \frac{1}{\sqrt[3]{x}+1}\mathrm{d}x$.

解　设 $u=\sqrt[3]{x}$，则 $x=u^3$，$\mathrm{d}x=3u^2\mathrm{d}u$. 当 $x=0$ 时，$u=0$；$x=8$ 时，$u=2$. 于是

$$\int_0^8 \frac{1}{\sqrt[3]{x}+1}\mathrm{d}x = \int_0^2 \frac{1}{u+1}\cdot 3u^2\mathrm{d}u = 3\int_0^2 \frac{(u^2-1)+1}{u+1}\mathrm{d}u$$

$$= 3\int_0^2\left(u-1+\frac{1}{u+1}\right)\mathrm{d}u$$

$$= 3\left(\frac{1}{2}u^2-u+\ln|1+u|\right)\Big|_0^2 = 3\ln 3$$

例 5-3-2　求 $\displaystyle\int_0^4 \frac{x+2}{\sqrt{2x+1}}\mathrm{d}x$.

解　设 $u=\sqrt{2x+1}$，则 $x=\dfrac{u^2-1}{2}$，$\mathrm{d}x=u\mathrm{d}u$. 当 $x=0$ 时，$u=1$；$x=4$ 时，$u=3$. 于是

$$\int_0^4 \frac{x+2}{\sqrt{2x+1}}\mathrm{d}x = \int_1^3 \frac{\dfrac{u^2-1}{2}+2}{u}\cdot u\mathrm{d}u = \frac{1}{2}\int_1^3(u^2+3)\mathrm{d}u$$

$$= \frac{1}{2}\left(\frac{1}{3}u^3+3u\right)\Big|_1^3 = 7\frac{1}{3}$$

例 5-3-3　求 $\displaystyle\int_0^2 x^2\sqrt{4-x^2}\,\mathrm{d}x$.

解　设 $x=2\sin u$，则 $\mathrm{d}x=2\cos u\mathrm{d}u$. 当 $x=0$ 时，$u=0$；当 $x=2$ 时，$u=\dfrac{\pi}{2}$. 于是

$$\int_0^2 x^2\sqrt{4-x^2}\,\mathrm{d}x = \int_0^{\frac{\pi}{2}}(2\sin u)^2\cdot 2\cos u\cdot 2\cdot\cos u\mathrm{d}u = 4\int_0^{\frac{\pi}{2}}\sin^2 2u\mathrm{d}u$$

$$= 4\int_0^{\frac{\pi}{2}}\frac{1-\cos 4u}{2}\mathrm{d}u = 2\int_0^{\frac{\pi}{2}}\mathrm{d}u - \frac{1}{2}\int_0^{\frac{\pi}{2}}\cos 4u\mathrm{d}(4u)$$

$$= 2u\Big|_0^{\frac{\pi}{2}} - \frac{1}{2}\sin 4u\Big|_0^{\frac{\pi}{2}} = \pi$$

从右到左使用换元公式(5-6)时，相当于不定积分的第一类换元法，即

$$\int_\beta^\alpha f[\varphi(x)]\varphi'(x)\mathrm{d}x = \int_a^b f(u)\mathrm{d}u$$

例 5-3-4 求 $\displaystyle\int_0^{\frac{\pi}{2}} \cos^5 x \sin x \mathrm{d}x$.

解 设 $u = \cos x$，则 $\mathrm{d}u = -\sin x \mathrm{d}x$. 当 $x = 0$ 时，$u = 1$；当 $x = \dfrac{\pi}{2}$ 时，$u = 0$. 于是

$$\int_0^{\frac{\pi}{2}} \cos^5 x \sin x \mathrm{d}x = -\int_1^0 u^5 \mathrm{d}u = \int_0^1 u^5 \mathrm{d}u = \left.\frac{u^6}{6}\right|_0^1 = \frac{1}{6}$$

在例 5-3-4 中，也可以不明显地写出新变量 u，这时就不必更换积分的上限、下限. 现在用这种记法计算如下：

$$\int_0^{\frac{\pi}{2}} \cos^5 x \sin x \mathrm{d}x = -\int_0^{\frac{\pi}{2}} \cos^5 x \mathrm{d}(\cos x) = -\left.\frac{\cos^6 x}{6}\right|_0^{\frac{\pi}{2}} = -\left(0 - \frac{1}{6}\right) = \frac{1}{6}$$

例 5-3-5 求 $\displaystyle\int_0^{\frac{\pi}{2}} \sqrt{\sin^3 x - \sin^5 x}\,\mathrm{d}x$.

解 由于 $\sqrt{\sin^3 x - \sin^5 x} = \sqrt{\sin^3 x(1 - \sin^2 x)} = \sin^{\frac{3}{2}} x\,|\cos x|$，在 $\left[0, \dfrac{\pi}{2}\right]$ 内，$|\cos x| = \cos x$；在 $\left[\dfrac{\pi}{2}, \pi\right]$ 上，$|\cos x| = -\cos x$. 所以

$$\int_0^{\frac{\pi}{2}} \sqrt{\sin^3 x - \sin^5 x}\,\mathrm{d}x = \int_0^{\frac{\pi}{2}} \sin^{\frac{3}{2}} x \cos x \mathrm{d}x + \int_{\frac{\pi}{2}}^{\pi} \sin^{\frac{3}{2}} x \cdot (-\cos x) \mathrm{d}x$$

$$= \int_{\frac{\pi}{2}}^{\pi} \sin^{\frac{3}{2}} x \mathrm{d}(\sin x) - \int_{\frac{\pi}{2}}^{\pi} \sin^{\frac{3}{2}} x \mathrm{d}(\sin x)$$

$$= \left.\frac{2}{5} \sin^{\frac{5}{2}} x\right|_0^{\frac{\pi}{2}} - \left.\frac{2}{5} \sin^{\frac{5}{2}} x\right|_{\frac{\pi}{2}}^{\pi}$$

$$= \frac{2}{5} - \left(-\frac{2}{5}\right) = \frac{4}{5}$$

例 5-3-6 利用定积分的换元法，证明下列公式.

(1) 若 $f(x)$ 在闭区间 $[-a, a]$ 内连续且为偶函数，则

$$\int_{-a}^a f(x) \mathrm{d}x = 2\int_0^a f(x) \mathrm{d}x$$

(2) 若 $f(x)$ 在闭区间 $[-a, a]$ 内连续且为奇函数，则

$$\int_{-a}^a f(x) \mathrm{d}x = 0$$

证 因为 $\displaystyle\int_{-a}^a f(x) \mathrm{d}x = \int_{-a}^0 f(x) \mathrm{d}x + \int_0^a f(x) \mathrm{d}x$，对积分 $\displaystyle\int_{-a}^0 f(x) \mathrm{d}x$，设 $x = -u$，则 $\mathrm{d}x = -\mathrm{d}u$. 当 $x = -a$ 时，$u = a$；当 $x = 0$ 时，$u = 0$. 于是

$$\int_{-a}^0 f(x) \mathrm{d}x = \int_a^0 -f(-u) \mathrm{d}u = \int_0^a f(-u) \mathrm{d}u = \int_0^a f(-x) \mathrm{d}x$$

因此 $$\int_{-a}^a f(x) \mathrm{d}x = \int_0^a f(-x) \mathrm{d}x + \int_0^a f(x) \mathrm{d}x \tag{5-7}$$

(1) 若 $f(x)$ 在闭区间 $[-a, a]$ 内连续且为偶函数，则 $f(-x) = f(x)$，由式(5-7)，得

$$\int_{-a}^0 f(x) \mathrm{d}x = 2\int_0^a f(x) \mathrm{d}x$$

(2) 若 $f(x)$ 在闭区间 $[-a, a]$ 内连续且为奇函数，则 $f(-x) = -f(x)$，由式(5-7)，得

$$\int_{-a}^a f(x) \mathrm{d}x = -\int_0^a f(x) \mathrm{d}x + \int_0^a f(x) \mathrm{d}x = 0$$

证毕.

例 5-3-6 的结论常用来计算奇、偶函数在关于原点对称的区间上的定积分,这将给运算带来方便.

例 5-3-7　求 $\displaystyle\int_{-\frac{1}{2}}^{\frac{1}{2}}\frac{1+x^5}{\sqrt{1-x^2}}\mathrm{d}x$.

解　$\displaystyle\int_{-\frac{1}{2}}^{\frac{1}{2}}\frac{1+x^5}{\sqrt{1-x^2}}\mathrm{d}x=\int_{-\frac{1}{2}}^{\frac{1}{2}}\frac{1}{\sqrt{1-x^2}}\mathrm{d}x+\int_{-\frac{1}{2}}^{\frac{1}{2}}\frac{x^5}{\sqrt{1-x^2}}\mathrm{d}x$

因为 $\dfrac{1}{\sqrt{1-x^2}}$ 为偶函数,$\dfrac{x^5}{\sqrt{1-x^2}}$ 为奇函数,因此

$$\int_{-\frac{1}{2}}^{\frac{1}{2}}\frac{1+x^5}{\sqrt{1-x^2}}\mathrm{d}x=2\int_{0}^{\frac{1}{2}}\frac{1}{\sqrt{1-x^2}}\mathrm{d}x=2\arcsin x\,|_0^{\frac{1}{2}}=\frac{\pi}{3}$$

5.3.2　定积分的分部积分法

设 $u(x),v(x)$ 在闭区间 $[a,b]$ 内有连续导数,则有

$$(uv)'=u'v+uv'$$

对上式两边同时在闭区间 $[a,b]$ 内求定积分,并注意到

$$\int_a^b(uv)'\mathrm{d}x=(uv)\,|_a^b$$

得

$$(uv)\,|_a^b=\int_a^b u'v\mathrm{d}x+\int_a^b uv'\mathrm{d}x$$

于是

$$\int_a^b uv'\mathrm{d}x=(uv)\,|_a^b-\int_a^b u'v\mathrm{d}x \tag{5-8}$$

或

$$\int_a^b u\mathrm{d}v=(uv)\,|_a^b-\int_a^b v'\mathrm{d}u$$

这就是定积分的分部积分公式.

例 5-3-8　求 $\displaystyle\int_0^1 x\mathrm{e}^x\mathrm{d}x$.

解　设 $u=x,\mathrm{d}v=\mathrm{e}^x\mathrm{d}x$,则 $v=\mathrm{e}^x$,于是

$$\int_0^1 x\mathrm{e}^x\mathrm{d}x=\int_0^1 x\mathrm{d}(\mathrm{e}^x)=x\mathrm{e}^x\,|_0^1-\int_0^1\mathrm{e}^x\mathrm{d}x=\mathrm{e}-\mathrm{e}^x\,|_0^1$$
$$=\mathrm{e}-\mathrm{e}+1=1$$

例 5-3-9　求 $\displaystyle\int_0^1 x\arctan x\mathrm{d}x$.

解　设 $u=\arctan x,\mathrm{d}v=x\mathrm{d}x$,则 $v=\dfrac{1}{2}x^2$,于是

$$\int_0^1 x\arctan x\mathrm{d}x=\frac{1}{2}\int_0^1 x\arctan x\mathrm{d}(x^2)=\frac{1}{2}\Big[(x^2\arctan x)\,|_0^1-\int_0^1\frac{x^2}{1+x^2}\mathrm{d}x\Big]$$
$$=\frac{1}{2}\Big[\frac{\pi}{4}-\int_0^1\Big(1-\frac{1}{1+x^2}\Big)\mathrm{d}x\Big]=\frac{1}{2}\Big[\frac{\pi}{4}-(x-\arctan x)\,|_0^1\Big]$$

$$= \frac{1}{2}\left[\frac{\pi}{4} - 1 + \frac{\pi}{4}\right] = \frac{\pi}{4} - \frac{1}{2}$$

例 5-3-10　求 $\int_0^{\frac{\pi}{2}} e^x \cos 2x dx$.

解
$$\int_0^{\frac{\pi}{2}} e^x \cos 2x dx = \int_0^{\frac{\pi}{2}} \cos 2x d(e^x) = e^x \cos 2x \Big|_0^{\frac{\pi}{2}} - \int_0^{\frac{\pi}{2}} e^x d(\cos 2x)$$

$$= -e^{\frac{\pi}{2}} - 1 + 2\int_0^{\frac{\pi}{2}} e^x \cdot \sin 2x dx = -e^{\frac{\pi}{2}} - 1 + 2\int_0^{\frac{\pi}{2}} \sin 2x d(e^x)$$

$$= -e^{\frac{\pi}{2}} - 1 + 2\left[e^x \cdot (\sin 2x) \Big|_0^{\frac{\pi}{2}} - \int_0^{\frac{\pi}{2}} e^x \cdot (\sin 2x)\right]$$

$$= -e^{\frac{\pi}{2}} - 1 - 4\int_0^{\frac{\pi}{2}} e^x \cos^2 x dx$$

所以
$$\int_0^{\frac{\pi}{2}} e^x \cos^2 x dx = -\frac{1}{5}(e^{\frac{\pi}{2}} + 1)$$

例 5-3-11　求 $\int_0^{\frac{\pi^2}{16}} \cos \sqrt{x} dx$.

解　先用换元积分法,设 $\sqrt{x} = u, x = u^2$,则 $dx = 2u du$. 当 $x = 0$ 时, $u = 0$;当 $x = \frac{\pi^2}{16}$ 时, $u = \frac{\pi}{4}$. 于是

$$\int_0^{\frac{\pi^2}{16}} \cos \sqrt{x} dx = \int_0^{\frac{\pi}{4}} 2u \cos u du$$

再用分部积分法计算上式右端的积分:

$$\int_0^{\frac{\pi}{4}} u \cos u du = \int_0^{\frac{\pi}{4}} u d(\sin u) = \left[(u \cdot \sin u) \Big|_0^{\frac{\pi}{4}} - \int_0^{\frac{\pi}{4}} \sin u du\right]$$

$$= \frac{\pi}{4} \cdot \frac{\sqrt{2}}{2} + \cos u \Big|_0^{\frac{\pi}{4}} = \frac{\sqrt{2}\pi}{8} + \frac{\sqrt{2}}{2} - 1$$

所以
$$\int_0^{\frac{\pi^2}{16}} \cos \sqrt{x} dx = \frac{\sqrt{2}}{4}\pi + \sqrt{2} - 2$$

5.4　定积分的应用

5.4.1　平面图形的面积

1. $f(x)$ 在 $[a, b]$ 内所围的面积

我们知道,如果函数 $f(x)$ 在 $[a, b]$ 内连续且 $f(x) \geqslant 0$,则定积分 $\int_a^b f(x) dx$ 表示一个位于 x 轴上方,由直线 $x = a, x = b, y = 0$ 以及曲线 $y = f(x)$ 围成的曲边梯形的面积 A,如图 5.1 所示.即

$$A = \int_a^b f(x)\mathrm{d}x$$

2. $f(x),g(x)$ 在 $[a,b]$ 内所围的面积

设 $f(x),g(x)$ 在 $[a,b]$ 内连续,且 $f(x)\geqslant g(x)$,下面求由曲线 $y=f(x),y=g(x)$ 及直线 $x=a,x=b$ 所围成的平面图形面积 A,如图 5.5 所示.

利用微元法分析,闭区间 $[a,b]$ 内的任一小区间 $[x,x+\mathrm{d}x]$ 的窄条面积近似于高为 $f(x)-g(x)$,底为 $\mathrm{d}x$ 的矩形面积,即面积微元 $\mathrm{d}A=[f(x)-g(x)]\mathrm{d}x$(图 5.5 中的阴影小矩形),则所求平面图形的面积为

$$A = \int_a^b \mathrm{d}A = \int_a^b [f(x)-g(x)]\mathrm{d}x \tag{5-9}$$

类似地,如图 5.6 所示,由曲线 $x=\varphi(y),x=\psi(y)$,且 $\varphi(y)\geqslant\psi(y)$ 及直线 $y=c,y=d$ 所围成的平面图形的面积为

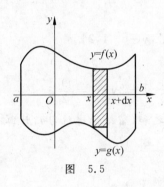

图　5.5

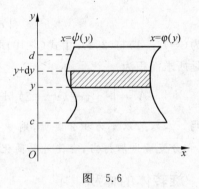

图　5.6

$$A = \int_c^d [\varphi(y)-\psi(y)]\mathrm{d}y \tag{5-10}$$

其中,$[\varphi(y)-\psi(y)]\mathrm{d}y$ 为面积微元 $\mathrm{d}A$.

例 5-4-1　计算由抛物线 $y=\sqrt{x}$,直线 $x=1,x$ 轴围成的平面图形的面积.

解　先作图形(见图 5.7),抛物线和直线 $x=1$ 的交点为 $(1,1)$.

取 x 为积分变量,积分区间为 $[0,1]$.

于是,所求面积为

$$A = \int_0^1 \mathrm{d}A = \int_0^1 \sqrt{x}\mathrm{d}x = \frac{2}{3}$$

例 5-4-2　计算由两抛物线 $y=x^2$ 和 $y^2=x$ 所围成的图形的面积.

解　这两条抛物线所围成的图形如图 5.8 所示.为了定出图形所在的范围,先求出这两条抛物线的交点.为此解方程组

$$\begin{cases} y^2 = x \\ y = x^2 \end{cases}$$

得到两组解 $\begin{cases} x=0 \\ y=0 \end{cases}$ 及 $\begin{cases} x=1 \\ y=1 \end{cases}$,即两条抛物线的交点为 $(0,0)$ 及 $(1,1)$,从而知道该图形在直线 $x=0$ 及 $x=1$ 之间.取 x 为积分变量,积分区间为 $[0,1]$,由式(5-9)得所求面积为

$$A = \int_0^1 (\sqrt{x}-x^2)\mathrm{d}x = \left[\frac{2}{3}x^{\frac{3}{2}} - \frac{1}{3}x^3\right]\Bigg|_0^1 = \frac{1}{3}$$

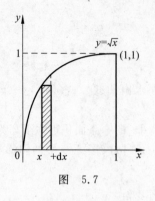

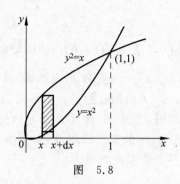

图　5.7　　　　　　　　　　　　　　　图　5.8

例 5-4-3　求抛物线 $y^2 = x + 2$ 与直线 $x - y = 0$ 所围成的图形的面积.

解　先作图形（见图 5.9）. 为求抛物线与直线的交点, 先解方程组

$$\begin{cases} y^2 = x + 2 \\ x - y = 0 \end{cases}$$

得交点为 $(-1, -1)$ 与 $(2, 2)$. 由式(5-10)取 y 为积分变量, $y \in [-1, 2]$.

于是所求面积为

$$A = \int_{-1}^{2} [y - (y^2 - 2)] \mathrm{d}y = \left[\frac{1}{2} y^2 - \frac{1}{3} y^3 + 2y \right]_{-1}^{2} = \frac{9}{2}$$

说明　本题若以 x 为积分变量, 则积分要分成两项之和（留给读者练习）, 计算会不方便, 可见积分变量选取得当, 会使计算简化.

5.4.2　旋转体的体积

旋转体就是由一个平面图形绕该平面内的一条直线旋转一周而成的立体, 该直线叫做**旋转轴**. 圆柱、圆锥、圆台、球体都是旋转体.

设旋转体由连续曲线 $y = f(x)$, 直线 $x = a$, $x = b(a < b)$ 及 x 轴所围成的曲边梯形绕 x 轴旋转一周而成, 现在用定积分的 y 微元法求该旋转体的体积.

取横坐标 x 为积分变量, 它的变化区间为 $[a, b]$. $[a, b]$ 内任一小区间 $[x, x + \mathrm{d}x]$ 的小曲边梯形绕 x 轴旋转而成的薄片的体积近似于以 $f(x)$ 为底半径, $\mathrm{d}x$ 为高的扁圆柱体的体积, 如图 5.10 所示, 即体积微元为

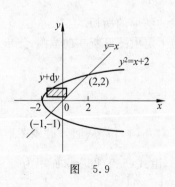

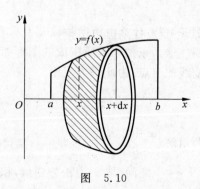

图　5.9　　　　　　　　　　　　　　　图　5.10

$$V = \pi y^2 \, \mathrm{d}x = \pi [f(x)]^2 \, \mathrm{d}x$$

以 $\pi [f(x)]^2 \, \mathrm{d}x$ 为被积表达式,在闭区间 $[a,b]$ 内作定积分,便得所求旋转体体积为

$$V = \int_a^b \pi [f(x)]^2 \, \mathrm{d}x$$

例 5-4-4　计算底半径为 r,高为 h 的圆锥体的体积.

解　取坐标系如图 5.11 所示,所求立体可以看成由直线 $y = \dfrac{r}{h} x$,$y = 0$,$x = h$ 围成的图形绕 x 轴旋转而形成旋转体.

取 x 为积分变量,它的变化区间为 $[0,h]$. 圆锥中 $[0,h]$ 内任一小区间 $[x,x+\mathrm{d}x]$ 的薄片的体积近似于底半径为 $\dfrac{r}{h} x$,高为 $\mathrm{d}x$ 的圆柱体的体积,即体积微元为

$$\mathrm{d}V = \pi [f(x)]^2 \, \mathrm{d}x = \pi \left(\frac{r}{h} x \right)^2 \mathrm{d}x$$

以 $\pi \left(\dfrac{r}{h} x \right)^2 \mathrm{d}x$ 为被积表达式,在 $[0,h]$ 上作定积分,便得所求的体积为

$$V = \int_0^h \pi \left(\frac{r}{h} x \right)^2 \mathrm{d}x = \frac{\pi r^2}{h^2} \left[\frac{1}{3} x^3 \right]_0^h = \frac{1}{3} \pi r^2 h$$

例 5-4-5　计算椭圆 $\dfrac{x^2}{a^2} + \dfrac{y^2}{b^2} = 1$ 绕 x 轴旋转而形成的旋转体的体积(见图 5.12).

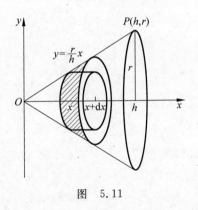

图　5.11

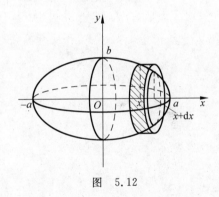

图　5.12

解　这个旋转体也可以看做半个椭圆 $y = \dfrac{b}{a} \sqrt{a^2 - x^2}$ 及 x 轴所围成的图形绕 x 轴旋转而形成的立体.

取 x 为积分变量,$x \in [-a,a]$,该立体中 $[-a,a]$ 内任一小区间 $[x,x+\mathrm{d}x]$ 的薄片的体积近似于底半径为 $\dfrac{b}{a} \sqrt{a^2 - x^2}$,高为 $\mathrm{d}x$ 的圆柱体的体积,即体积微元为

$$\mathrm{d}V = \pi \left[\frac{b}{a} \sqrt{a^2 - x^2} \right]^2 \mathrm{d}x$$

于是所求体积为

$$V = \int_{-a}^a \pi \left(\frac{b}{a} \sqrt{a^2 - x^2} \right)^2 \mathrm{d}x = \frac{\pi b^2}{a^2} \left[a^2 x - \frac{1}{3} x^3 \right]_{-a}^a = \frac{4}{3} \pi a b^2$$

用类似的方法可以推得:由曲线 $x = \varphi(y)$,直线 $y = c$,$y = d (c < d)$ 及 y 轴所围成的曲边梯形绕 y 轴旋转一周而形成的旋转体(见图 5.12)的体积为

$$V = \int_c^d \pi x^2 \, dy = \int_c^d \pi [\varphi(y)]^2 \, dy$$

例 5-4-6　求由抛物线 $y = 2x^2$,直线 $x = 1$ 及 x 轴所围成的图形分别绕 x 轴、y 轴旋转一周所形成的旋转体的体积.

解　先求绕 x 轴旋转而形成的旋转体的体积 V_x.取 x 为积分变量,它的变化区间为 $[0,1]$,此小薄片的体积近似于以底半径为 y,高为 dx 的小圆柱的体积,即体积微元

$$dV = \pi y^2 \, dx = \pi (2x^2)^2 \, dx = 4\pi x^4 \, dx$$

故所求绕 x 轴旋转的旋转体的体积为

$$V_x = \int_0^1 \pi y^2 \, dx = 4\pi \int_0^1 x^4 \, dx = \frac{4\pi}{5}$$

再求绕 y 轴旋转而形成的旋转体的体积 V_y.取 y 为积分变量,$y \in [0,2]$,又 $x = \sqrt{\dfrac{y}{2}}$,此部分体积可看做底半径为 1,高为 2 的圆柱的体积与由 $x = \sqrt{\dfrac{y}{2}}$,$y = 2$,$x = 0$ 所围成的图形绕 y 轴所成的旋转体的体积的差,即

$$V_y = \pi \cdot 1^2 \cdot 2 - \int_0^2 \pi x^2 \, dy = 2\pi - \int_0^2 \pi \cdot \frac{y}{2} \, dy = \pi$$

第6章 微分方程

许多实际问题中,往往不能直接找出所需的函数,但可以列出所需的函数及其导数(或微分)的关系式,这就是微分方程,由此解出需求的函数.本章着重介绍微分方程的基本概念及几类常见微分方程的解法.

6.1 微分方程的基本概念

下面通过例题来说明微分方程的基本概念.

例 6-1-1 已知一曲线上任一点 $P(x,y)$ 处的切线的斜率等于 x^2,且该曲线通过点 $(0,1)$,求该曲线的方程.

解 设所求曲线方程为 $y=f(x)$,由导数的几何意义,得

$$\frac{\mathrm{d}y}{\mathrm{d}x} = x^2 \tag{6-1}$$

同时,$f(x)$ 还应满足下列条件

$$f(0) = 1 \quad \text{或} \quad y\,|_{x=0} = 1 \tag{6-2}$$

对式(6-1)两边积分,得

$$f(x) = \int x^2 \mathrm{d}x = \frac{1}{3}x^2 + C \quad \text{或} \quad y = \frac{1}{3}x^3 + C \tag{6-3}$$

其中,C 为任意常数.

将条件式(6-2)代入式(6-3),得 $C=1$. 于是所求曲线方程为

$$y = \frac{1}{3}x^3 + 1 \tag{6-4}$$

例 6-1-2 列车在平直路上以 $20\mathrm{m/s}$ 的速度行驶,制动时列车获得加速度 $-0.4\mathrm{m/s}$. 问开始制动后多长时间列车才能停住,这段时间内列车行驶了多少路程?

解 设列车开始制动的时刻为 $t=0$,制动 t 秒行驶了 s 米后停止,依题意,反映列车制动阶段运动规律的函数 $s=s(t)$ 应满足

$$\frac{\mathrm{d}^2 s}{\mathrm{d}t^2} = -0.4 \tag{6-5}$$

$s(t)$ 还满足

$$s(0) = 0, \quad s'(0) = 20 \tag{6-6}$$

将方程(6-5)两边积分一次,得

$$v = \frac{\mathrm{d}s}{\mathrm{d}t} = -0.4t + C_1 \tag{6-7}$$

再积分一次,得

$$s = -0.2t^2 + C_1 t + C_2 \tag{6-8}$$

其中,C_1, C_2 均为任意常数.

将条件 $s'(0)=20$ 代入式(6-7),得 $C_1=20$.

将条件 $s(0)=0$ 代入式(6-8),得 $C_2=0$.

将 C_1,C_2 的值代入式(6-7)及式(6-8),得

$$v=-0.4t+20 \tag{6-9}$$

$$s=-0.2t^2+20t \tag{6-10}$$

在式(6-9)中,令 $v=0$,得列车从开始制动到停住所需时间为

$$t=\frac{20}{0.4}=50(\mathrm{s})$$

再将 $t=50$ 代入式(6-10),得到列车在制动阶段行驶的路程为

$$s=-0.2\times50^2+20\times50=500(\mathrm{m})$$

上面的例中,式(6-1)和式(6-5)中都含有未知函数的导数,称为微分方程.一般地,有如下定义.

定义 6-1-1　含有自变量、自变量的未知函数及未知函数的导数(或微分)的方程称为**微分方程**.如果微分方程中的未知函数仅含有一个自变量,这样的微分方程称为**常微分方程**.

本书仅讨论常微分方程,为了方便起见,简称为微分方程或方程.

要注意的是,微分方程中必须含有未知函数的导数(或微分).

微分方程中出现的未知函数的导数的最高阶数,称为微分方程的**阶**.

例如,方程(6-1)是一阶微分方程,方程(6-5)是二阶微分方程.

能够满足微分方程的函数称为微分方程的**解**.

如果微分方程的解中所含的任意常数相互独立,且个数与方程的阶数相同,这样的解称为微分方程的**通解**.不含任意常数的解称为**特解**.

例如,例 6-1-2 中的式(6-8)和式(6-10)分别为微分方程(6-5)的通解和特解.

用未知函数及其各阶导数在某个特定点的值作为确定通解中任意常数的条件,称为微分方程的**初始条件**.

例如,例 6-1-2 中的式(6-6)是方程(6-5)的初始条件.

一般地,一阶微分方程的初始条件为 $y(x_0)=y_0$,或写作 $y|_{x=x_0}=y_0$.二阶微分方程的初始条件为

$$\begin{cases} y(x_0)=y_0 \\ y'(x_0)=y_1 \end{cases}$$

或写作

$$\begin{cases} y|_{x=x_0}=y_0 \\ \dfrac{\mathrm{d}y}{\mathrm{d}x}\Big|_{x=x_0}=y_1 \end{cases}$$

其中,x_0,y_0,y_1 为已知数.

求微分方程满足初始条件的特解的问题,称为初值问题.

例 6-1-3　验证函数 $y=C_1\cos2x+C_2\sin2x(C_1,C_2$ 为任意常数)是方程 $\dfrac{\mathrm{d}^2y}{\mathrm{d}x^2}+4y=0$ 的通解,并求满足初始条件 $y(0)=1,y'(0)=0$ 的特解.

解　$\dfrac{\mathrm{d}y}{\mathrm{d}x}=-2C_1\sin2x+2C_2\cos2x$

$$\frac{d^2 y}{dx^2} = -4C_1 \cos 2x - 4C_2 \sin 2x$$

将 $y, \frac{d^2 y}{dx^2}$ 代入原方程, 得

$$左边 = -4C_1 \cos 2x - 4C_2 \sin 2x + 4(C_1 \cos 2x + C_2 \sin 2x) = 0 = 右边$$

所以, $y = C_1 \cos 2x + C_2 \sin 2x$ 是方程 $\frac{d^2 y}{dx^2} + 4y = 0$ 的解. 又因为解中含有两个独立的任意常数, 与方程的阶数相同, 所以它是方程的通解.

将初始条件 $y(0) = 1$ 和 $y'(0) = 0$ 代入 $y = C_1 \cos 2x + C_2 \sin 2x$ 和 $\frac{dy}{dx} = -2C_1 \sin 2x + 2C_2 \cos 2x$, 得

$$\begin{cases} 1 = C_1 + C_2 \times 0 \\ 0 = -2C_1 \times 0 + 2C_2 \times 1 \end{cases}$$

解得 $C_1 = 1, C_2 = 0$, 因此方程满足初始条件的特解为

$$y = \cos 2x$$

6.2　一阶微分方程

一阶微分方程的一般形式为 $F(x, y, y') = 0$. 下面我们仅讨论几种特殊类型的一阶微分方程.

6.2.1　可分离变量的微分方程

如果一个一阶微分方程 $F(x, y, y') = 0$ 可转换为

$$g(y)dy = f(x)dx \tag{6-11}$$

的形式, 则该方程称为**可分离变量的微分方程**.

将方程(6-11)的两边积分, 得

$$\int g(y)dy = \int f(x)dx$$

设 $G(y), F(x)$ 分别为 $g(y), f(x)$ 的原函数, 则方程的通解为

$$G(y) = F(x) + C$$

例 6-2-1　求微分方程 $\frac{dy}{dx} = 2xy$ 的通解.

解　这是可分离变量的方程. 分离变量, 得

$$\frac{dy}{y} = 2xdx$$

两边积分, 得

$$\int \frac{dy}{y} = \int 2xdx$$

即

$$\ln|y| = x^2 + C_1$$

从而

$$y = \pm e^{x^2 + C_1} = \pm e^{C_1} e^{x^2}$$

因为 $\pm e^{C_1}$ 为任意常数,把它记作 C,得方程的通解为

$$y = Ce^{x^2}$$

注　上述通解形式的简化过程,下面还常常用到,为此约定简化写法如下.

如有

$$\int \frac{d(Q(y))}{Q(y)} = \int F'(x) dx$$

则有

$$\ln Q(y) = F(x) + \ln C$$

即

$$Q(y) = Ce^{F(x)} \quad (C \text{ 为任意常数})$$

例 6-2-1 可简写为

$$\int \frac{dy}{y} = \int 2x dx$$

$$\ln y = x^2 + \ln C$$

$$y = Ce^{x^2}$$

例 6-2-2　求微分方程 $y(1+x^2)dy + x(1+y^2)dx = 0$ 满足条件 $y(1)=1$ 的特解.

解　将方程分离变量,得

$$\frac{y dy}{1+y^2} = -\frac{x dx}{1+x^2}$$

两边积分,得

$$\int \frac{y dy}{1+y^2} = -\int \frac{y dy}{1+x^2}$$

即

$$\frac{1}{2}\ln(1+y^2) = -\frac{1}{2}\ln(1+x^2) + \frac{1}{2}\ln C$$

故方程的通解为

$$(1+x^2)(1+y^2) = C$$

将 $y(1)=1$ 代入上式,得 $C=4$. 因此所求方程的特解为

$$(1+x^2)(1+y^2) = 4$$

**6.2.2　齐次方程

如果一阶微分方程可以转换为 $\dfrac{dy}{dx} = \varphi\left(\dfrac{y}{x}\right)$ 的形式,则称该方程为齐次方程.

例如,方程

$$\frac{dy}{dx} = \frac{y^2}{x^2 + xy}$$

是齐次方程,因为 $\dfrac{y^2}{x^2 + xy} = \dfrac{\left(\dfrac{y}{x}\right)^2}{1 + \dfrac{y}{x}}$.

求齐次方程的通解时,先将方程转换为

$$\frac{\mathrm{d}y}{\mathrm{d}x} = \varphi\left(\frac{y}{x}\right) \tag{6-12}$$

的形式,然后作变换 $u = \dfrac{y}{x}$,则 $y = xu$,$\dfrac{\mathrm{d}y}{\mathrm{d}x} = u + x\,\dfrac{\mathrm{d}u}{\mathrm{d}x}$,于是式(6-12)可转换为

$$u + x\,\frac{\mathrm{d}u}{\mathrm{d}x} = \varphi(u)$$

即

$$\frac{\mathrm{d}u}{\mathrm{d}x} = \frac{\varphi(u) - u}{x} \tag{6-13}$$

式(6-13)是可分离变量的方程,分离变量后得到

$$\int \frac{\mathrm{d}u}{\varphi(u) - u} = \int \frac{\mathrm{d}x}{x}$$

求出上式通解后,将 u 换成 $\dfrac{y}{x}$,即可得所求的通解.

例 6-2-3　求微分方程 $\dfrac{\mathrm{d}y}{\mathrm{d}x} = \dfrac{y^2}{xy - x^2}$ 的通解.

解　原方程可转换为

$$\frac{\mathrm{d}y}{\mathrm{d}x} = \frac{\left(\dfrac{y}{x}\right)^2}{\dfrac{y}{x} - 1}$$

它是齐次方程,令 $u = \dfrac{y}{x}$,则 $y = xu$,$\dfrac{\mathrm{d}y}{\mathrm{d}x} = u + x\,\dfrac{\mathrm{d}u}{\mathrm{d}x}$,代入上式,得

$$u + x\,\frac{\mathrm{d}u}{\mathrm{d}x} = \frac{u^2}{u - 1}$$

即

$$\frac{u - 1}{u}\mathrm{d}u = \frac{\mathrm{d}x}{x}$$

两边积分,得

$$u - \ln u = \ln x + \ln C_1$$

即

$$C_1 u x = \mathrm{e}^u$$

用 $u = \dfrac{y}{x}$ 代入,得 $y = C\mathrm{e}^{\frac{y}{x}}\left(C = \dfrac{1}{C_1}\right)$ 即是所求的通解.

6.2.3　一阶线性微分方程

方程

$$\frac{\mathrm{d}y}{\mathrm{d}x} + P(x)y = Q(x) \tag{6-14}$$

称为**一阶线性微分方程**. 当 $Q(x) = 0$ 时,方程(6-14)成为

$$\frac{\mathrm{d}y}{\mathrm{d}x} + P(x)y = 0 \tag{6-15}$$

式(6-15)称为**一阶齐次线性微分方程**. 当 $Q(x)\neq0$ 时,式(6-14)称为**一阶非齐次线性微分方程**. 通常称式(6-15)为方程(6-14)所对应的一阶齐次线性微分方程.

我们先讨论如何解微分方程(6-15).

方程(6-15)是可分离变量的方程,分离变量,得

$$\frac{\mathrm{d}y}{y} = -P(x)\mathrm{d}x$$

两边积分,得

$$\int \frac{\mathrm{d}y}{y} = -\int P(x)\mathrm{d}x + \ln C$$

$$\ln y = -\int P(x)\mathrm{d}x + \ln C$$

其中, $\int P(x)\mathrm{d}x$ 表示 $P(x)$ 的一个原函数. 于是一阶齐次线性方程(6-15)的通解为

$$y = C\mathrm{e}^{-\int P(x)\mathrm{d}x} \tag{6-16}$$

其中, C 为任意常数.

下面用常数变易法在齐次线性方程的通解(6-16)的基础上来求非齐次线性方程(6-14)的通解,即把式(6-16)中的 C 看做 x 的函数 $C(x)$. 设

$$y = C(x)\mathrm{e}^{-\int P(x)\mathrm{d}x} \tag{6-17}$$

是非齐次线性方程(6-14)的解,将(6-17)式代入(6-14)式,由此来确定待定函数 $C(x)$.

将式(6-17)对 x 求导,得

$$\frac{\mathrm{d}y}{\mathrm{d}x} = C'(x)\mathrm{e}^{-\int P(x)\mathrm{d}x} - C(x)P(x)\mathrm{e}^{-\int P(x)\mathrm{d}x} \tag{6-18}$$

将式(6-17)、式(6-18)代入式(6-14),整理,得

$$C'(x)\mathrm{e}^{-\int P(x)\mathrm{d}x} = Q(x)$$

即

$$C'(x) = Q(x)\mathrm{e}^{\int P(x)\mathrm{d}x}$$

积分后,得

$$C(x) = \int Q(x)\mathrm{e}^{\int P(x)\mathrm{d}x}\mathrm{d}x + C \tag{6-19}$$

将式(6-19)代入式(6-17),得

$$y = \mathrm{e}^{-\int P(x)\mathrm{d}x}\left[\int Q(x)\mathrm{e}^{\int P(x)\mathrm{d}x}\mathrm{d}x + C\right] \quad (C\text{ 为任意常数}) \tag{6-20}$$

这就是非齐次线性方程(6-14)的通解.

将式(6-20)改写为如下形式:

$$y = C\cdot\mathrm{e}^{-\int P(x)\mathrm{d}x} + \mathrm{e}^{-\int P(x)\mathrm{d}x}\int Q(x)\mathrm{e}^{\int P(x)\mathrm{d}x}\mathrm{d}x \tag{6-21}$$

由式(6-21)可以看出,右端第一项恰是对应的齐次线性方程(6-15)的通解,第二项是方程(6-14)的一个特解. 由此可知,一阶非齐次线性方程的通解是对应齐次方程的通解与它的一个特解之和.

例 6-2-4 求微分方程 $\dfrac{\mathrm{d}y}{\mathrm{d}x} - \dfrac{2}{x+1}y = (x+1)^{\frac{5}{2}}$ 的通解.

解 先求对应齐次线性方程

$$\frac{\mathrm{d}y}{\mathrm{d}x} - \frac{2}{x+1}y = 0$$

的通解.

分离变量,得

$$\frac{\mathrm{d}y}{y} = \frac{2}{x+1}\mathrm{d}x$$

两边积分,得

$$\ln y = 2\ln(x+1) + \ln C$$

即

$$y = C(x+1)^2 \quad (C \text{ 为任意常数})$$

用常数变易法,把 C 换成 $C(x)$,即设 $y = C(x)(x+1)^2$,则

$$y' = C'(x)(x+1)^2 + C(x) \cdot 2 \cdot (x+1)$$

将 y, y' 代入方程,得

$$\left[C'(x)(x+1)^2 + 2C(x) \cdot (x+1) \right] - \frac{2}{x+1} \cdot C(x)(x+1)^2 = (x+1)^{\frac{5}{2}}$$

即

$$C'(x) = (x+1)^{\frac{1}{2}}$$

两边积分,得

$$C(x) = \frac{2}{3}(x+1)^{\frac{3}{2}} + C$$

把上式代入齐次线性方程的通解式,得所求方程的通解为

$$y = (x+1)^2 \left[\frac{2}{3}(x+1)^{\frac{3}{2}} + C \right] \quad (C \text{ 为任意常数})$$

我们也可以直接利用公式(6-20)求解. 将 $P(x) = -\dfrac{2}{x+1}$,$Q(x) = (x+1)^{\frac{5}{2}}$ 代入公式,得

$$y = \mathrm{e}^{\int \frac{2}{x+1}\mathrm{d}x} \left[\int (x+1)^{\frac{5}{2}} \mathrm{e}^{-\int \frac{2}{x+1}\mathrm{d}x} \mathrm{d}x + C \right] = \mathrm{e}^{2\ln(x+1)} \left[\int (x+1)^{\frac{5}{2}} \mathrm{e}^{-2\ln(x+1)} \mathrm{d}x + C \right]$$

$$= (x+1)^2 \left[\int (x+1)^{\frac{1}{2}} \mathrm{d}x + C \right] = (x+1)^2 \left[\frac{2}{3}(x+1)^{\frac{3}{2}} + C \right] \quad (C \text{ 为任意常数})$$

例 6-2-5 求微分方程 $(y^2 - 6x)\dfrac{\mathrm{d}y}{\mathrm{d}x} + 2y = 0$ 满足条件 $y(1) = 1$ 的特解.

解 将方程写为

$$\frac{\mathrm{d}y}{\mathrm{d}x} = \frac{2y}{6x - y^2}$$

它不属于前面讲过的方程中的任何一种,但如果把 y 看做自变量,x 看做 y 的函数 $x = x(y)$,那么方程可写为

$$\frac{\mathrm{d}y}{\mathrm{d}x} - \frac{3}{y}x = -\frac{y}{2}$$

它是关于未知函数 $x(y)$ 的一阶线性微分方程,$P(y) = -\dfrac{3}{y}$,$Q(y) = -\dfrac{y}{2}$,代入相应的通解公式,得

$$x = \mathrm{e}^{\int \frac{3}{y} \mathrm{d}y} \left[C + \int \left(-\frac{y}{2} \right) \mathrm{e}^{-\int \frac{3}{y} \mathrm{d}y} \mathrm{d}y \right] = \mathrm{e}^{3\ln y} \left[C + \int \left(-\frac{y}{2} \right) \mathrm{e}^{-3\ln y} \mathrm{d}y \right]$$

$$= y^3 \left[C + \int \left(-\frac{y}{2} \right) y^{-3} \mathrm{d}y \right] = C y^3 + \frac{1}{2} y^2$$

将条件 $y(1) = 1$ 代入,得 $C = \dfrac{1}{2}$,于是所求方程的通解为

$$x = \frac{1}{2} y^2 (y + 1)$$

附录 A 初等数学的部分公式

A.1 代数

1. 指数与对数运算

$$a^m a^n = a^{m+n}$$
$$\frac{a^m}{a^n} = a^{m-n}$$

$$(a^m)^n = a^{mn}$$
$$\sqrt[n]{a^m} = a^{\frac{m}{n}}$$

$$\log_a 1 = 0$$
$$\log_a a = 1$$

$$\log_a (N_1 N_2) = \log_a N_1 + \log_a N_2$$
$$\log_a \frac{N_1}{N_2} = \log_a N_1 - \log_a N_2$$

$$\log_a (N^n) = n \log_a N$$
$$\log_a \sqrt[n]{N} = \frac{1}{n} \log_a N$$

$$\log_b N = \frac{\log_a N}{\log_a b}$$

2. 有限项和

$$1 + 2 + 3 + \cdots + (n-1) + n = \frac{n(n-1)}{2}$$

$$1 + 3 + 5 + \cdots + (2n-3) + (2n-1) = n^2$$

$$2 + 4 + 6 + \cdots + (2n-2) + 2n = n(n+1)$$

$$a + (a+d) + \cdots + [a + (n-1)d] = n\left(a + \frac{n-1}{2}d\right)$$

$$a + aq + aq^2 + \cdots + aq^{n-1} = \frac{a(1-q^n)}{1-q} \quad (q \neq 0)$$

3. 牛顿公式

$$(a+b)^n = a^n + na^{n-1}b + \frac{n(n-1)}{2!}a^{n-2}b^2 + \frac{n(n-1)(n-2)}{3!}a^{n-3}b^3$$

$$= \frac{n(n-1)\cdots(n-m+1)}{m!}a^{n-m}b^m + \cdots + nab^{n-1} + b^n$$

4. 乘法公式

$$(a \pm b)^2 = a^2 \pm 2ab + b^2$$
$$(a+b+c)^2 = a^2 + b^2 + c^2 + 2ab + 2ac + 2bc$$
$$(a \pm b)^3 = a^3 \pm 3a^2 b \pm 3ab^2 \pm b^3$$
$$(a+b)(a-b) = a^2 - b^2$$
$$(a \pm b)(a^2 \mp ab + b^2) = a^3 \pm b^3$$

A.2 三角

1. 基本公式

$$\sin^2\alpha + \cos^2\alpha = 1 \qquad\qquad \frac{\sin\alpha}{\cos\alpha} = \tan\alpha$$

$$\frac{\cos\alpha}{\sin\alpha} = \cot\alpha \qquad\qquad \sec\alpha = \frac{1}{\cos\alpha}$$

$$\csc\alpha = \frac{1}{\sin\alpha} \qquad\qquad 1 + \tan^2\alpha = \sec^2\alpha$$

$$1 + \cot^2\alpha = \csc^2\alpha \qquad\qquad \cot\alpha = \frac{1}{\tan\alpha}$$

2. 和差公式

$$\sin(\alpha \pm \beta) = \sin\alpha\cos\beta \pm \cos\alpha\sin\beta \qquad \cos(\alpha \pm \beta) = \cos\alpha\cos\beta \mp \sin\alpha\sin\beta$$

$$\tan(\alpha \pm \beta) = \frac{\tan\alpha \pm \tan\beta}{1 \mp \tan\alpha\tan\beta} \qquad \cot(\alpha \pm \beta) = \frac{\cot\alpha\cot\beta \mp 1}{\cot\beta \pm \cot\alpha}$$

$$\sin\alpha + \sin\beta = 2\sin\frac{\alpha+\beta}{2}\cos\frac{\alpha-\beta}{2} \qquad \sin\alpha - \sin\beta = 2\cos\frac{\alpha+\beta}{2}\sin\frac{\alpha-\beta}{2}$$

$$\cos\alpha + \cos\beta = 2\cos\frac{\alpha+\beta}{2}\cos\frac{\alpha-\beta}{2} \qquad \cos\alpha - \cos\beta = 2\sin\frac{\alpha+\beta}{2}\sin\frac{\alpha-\beta}{2}$$

$$\cos\alpha\cos\beta = \frac{1}{2}[\cos(\alpha-\beta) + \cos(\alpha-\beta)] \qquad \sin\alpha\sin\beta = \frac{1}{2}[\cos(\alpha-\beta) - \cos(\alpha+\beta)]$$

$$\sin\alpha\cos\beta = \frac{1}{2}[\sin(\alpha-\beta) + \sin(\alpha+\beta)]$$

3. 倍角和半角公式

$$\sin 2\alpha = 2\sin\alpha\cos\alpha \qquad\qquad \cos 2\alpha = \cos^2\alpha - \sin^2\alpha = 2\cos^2\alpha - 1 = 1 - 2\sin^2\alpha$$

$$\tan 2\alpha = \frac{2\tan\alpha}{1 - \tan^2\alpha} \qquad\qquad \cot 2\alpha = \frac{\cot\alpha - 1}{2\cot\alpha}$$

$$\sin\frac{\alpha}{2} = \sqrt{\frac{1-\cos\alpha}{2}} \qquad\qquad \cos\frac{\alpha}{2} = \sqrt{\frac{1+\cos\alpha}{2}}$$

$$\tan\frac{\alpha}{2} = \sqrt{\frac{1-\cos\alpha}{1+\cos\alpha}} \qquad\qquad \cot\frac{\alpha}{2} = \sqrt{\frac{1+\cos\alpha}{1-\cos\alpha}}$$

A.3 初等几何

在下面的公式中，字母 r 表示半径，h 表示高，l 表示斜高.

1. 圆与圆扇形

圆：周长 $= 2\pi r$；面积 $= \pi r^2$.

圆扇形：面积 $= \frac{1}{2}r^2\alpha$（α 为扇形的圆心角，以弧度计）.

2. 正圆锥

体积 $=\dfrac{1}{3}\pi r^2 h$；侧表面 $=\pi rl$.

3. 球

体积 $=\dfrac{4}{3}\pi r^3$；表面积 $=4\pi r^2$.

附录 B　课外习题

第 1 章

1.1　函数

一、填空题

1. $y=\dfrac{1}{\ln(x-1)}$ 的定义域是_____.

2. $y=x\cdot\tan x\cdot e^x$ 是_____函数（①偶；②无界；③周期；④单调）.

3. $y=\cos x^2$ 是由 $y=$_____经_____复合而成的.

4. 若 $f\left(x+\dfrac{1}{x}\right)=x^2+\dfrac{1}{x^2}$，则 $f(x)=$_____.

二、计算题

1. 求 $y=\dfrac{1}{x-1}-\sqrt{9-x^2}$ 的定义域.

2. 求 $y=\dfrac{2^x}{2^x-1}$ 的反函数.

3. 若 $f(x)$ 的定义域是 $[0,1]$，则 $f(\lg x)$ 的定义域是什么？

4. 下列两对函数 $f(x)$ 和 $g(x)$ 是否表示相同的函数？为什么？
(1) $f(x)+\ln(x+1)^2$，$g(x)=2\ln(x+1)$

(2) $f(x)\sqrt{(2x-3)^2}$，$g(x)=|2x-3|$

*5. 下列两个函数是否为初等函数？为什么？

(1) $y=\sqrt{x}+\ln\cos x$

(2) $y=\begin{cases} -x & x\leqslant 0 \\ x & x>0 \end{cases}$

1.2　极限，无穷大，无穷小及运算法则

一、填空题

1. $f(x_0-0)=f(x_0+0)=A$ 是 $\lim\limits_{x\to x_0}f(x)$ 存在的_____条件.

2. $\lim\limits_{x\to +\infty}\dfrac{\sqrt{x\sqrt{x}}}{x}=$_____.

3. $\lim\limits_{h\to 0}\dfrac{(x+h)^2-x^2}{h}=$_____.

4. 对于 $y=\lg x$，当 $x\to$_____时，y 为无穷小，当 $x\to$_____时，y 为负无穷大.

二、计算题

1. 求 $\lim\limits_{x\to 1}\left(\dfrac{2}{x^2-1}-\dfrac{1}{x-1}\right)$.

2. 求 $\lim\limits_{x \to 0^-} \dfrac{|x|}{x(1+x^2)}$.

3. 设 $f(x) = \begin{cases} \dfrac{\cos x}{x+2} & x \geqslant 0 \\ \dfrac{1-\sqrt{1-x}}{x} & x < 0 \end{cases}$，求 $\lim\limits_{x \to 0} f(x)$.

4. 求 $\lim\limits_{n \to \infty} \left(\dfrac{1+2+3+\cdots+n}{n+2} - \dfrac{n}{2} \right)$.

5. 求 $\lim\limits_{n \to \infty} \left[\dfrac{1}{1.3} + \dfrac{1}{3.5} + \cdots + \dfrac{1}{(2n-1)(2n+1)} \right]$.

1.3　无穷小的等价,两个重要极限

一、填空题

1. $\lim\limits_{x \to 1} \dfrac{\sin(x^2-1)}{x-1} = $ _____.

2. 当 $x \to 0$，与 x^2 比较是等价无穷小的是 _____.

① $\sqrt{1+x^2}$　② $2(1-\cos x)$　③ $\ln(1-x^2)$　④ $e^{-x^2}-1$

3. $\lim\limits_{x \to 0} \dfrac{(e^x-1)\sin 2x}{\sin x^2} = $ _____.

4. $\lim\limits_{x \to 0} \dfrac{\ln(1+x^2)}{\sin x^2} = $ _____.

二、计算题

1. 求 $\lim\limits_{x \to \infty} \left(\dfrac{x^2}{(x^2-1)} \right)^x$.

2. 求 $\lim\limits_{x \to \infty} \left(\dfrac{x+2}{(x-2)} \right)^x$.

3. 设 $\lim\limits_{x \to \infty} \left(1 + \dfrac{3}{x} \right)^{Kx} = \mathrm{e}^{-3}$，求 K.

4. 求 $\lim\limits_{x \to \infty} (1 + 3\sin^2 x)^{\csc^2 x}$.

*5. 设 $f(x) = \begin{cases} (1-x^2)^{\frac{1}{x}} & x \neq 0 \\ a & x = 0 \end{cases}$，求 $\lim\limits_{x \to 0} f(x)$.

1.4 函数的连续性与间断点

一、填空题

1. $f(x)$ 在 x_0 处有定义是 $f(x)$ 在 x_0 处连续的_____条件.

2. 设 $f(x) = \begin{cases} x^2 & x < a \\ 2a & x = a \\ 3x-2 & x > a \end{cases}$ 在 $x = a$ 处连续，则 $a =$ _____.

3. $f(x)=\dfrac{\sin x}{x}+\dfrac{1}{x-1}\mathrm{e}^{\frac{1}{x}}$ 的间断点是_____.

*4. $f(x)=\dfrac{\sqrt{x+2}}{(x+1)(x+3)}$ 的连续区间是_____.

二、计算题

1. 求 $f(x)=\dfrac{x-1}{x^2-3x+2}$ 的间断点.

2. $f(x)=\begin{cases}\mathrm{e}^x & x\leqslant 0 \\ \dfrac{\sin x}{x} & x>0\end{cases}$ 在 $x=0$ 处是否连续?

3. 设 $f(x)=\begin{cases}\dfrac{1-\cos x^2}{x^2\sin x^2} & x\neq 0 \\ a & x=0\end{cases}$ 在 $x=0$ 处连续,求 a.

4. 证明:方程 $x^5-5x+1=0$ 在开区间 $(-1,1)$ 内至少有一个根.

5. 证明:方程 $\mathrm{e}^x=3x$ 至少有一个小于 1 的正根.

习题课

一、填空题

1. 若 $f(x)=\arccos x$,$\zeta(x)=x-4$,则 $f[\zeta(x)]$ 的定义域是_____.

2. $f(x)=\ln(x+\sqrt{1+x^2})$ 为（奇，偶）_____函数.

3. $f(x)=2^{-x}$ 的反函数 $f^{-1}(x)=$ _____.

4. 当 $n\to\infty$，$\sin^2\dfrac{1}{n}$ 与 $\dfrac{1}{n^K}$ 为等价无穷小，则 $K=$ _____.

二、计算题

*1. 求 $\lim\limits_{x\to\infty}\left(1+\dfrac{1}{x}+\dfrac{1}{x^2}\right)^x$.

2. 求 $\lim\limits_{x\to0}\dfrac{\sin x-\tan x}{\sin x^2}$.

*3. 求 $\lim\limits_{x\to0}\dfrac{\sqrt{1+x\sin x}-1}{\dfrac{x^2}{4}}$.

4. 设 $f(x)\begin{cases}(1-x^2)^{\frac{1}{2x}} & x\neq0\\ a & x=0\end{cases}$ 在 $x=0$ 处连续，求 a.

5. 证明：方程 $x=a\sin x+b(a>0,b>0)$ 至少有一个不超过 $a+b$ 的正根.

第 2 章

2.1 导数概念,导数的基本公式

一、填空题

1. 若 $y=f(x)$ 可导,则 $\lim\limits_{\Delta x\to 0}\dfrac{f(x_0+2\Delta x)-f(x_0)}{\Delta x}=$ _____.

2. 函数 $f(x)$ 在 x_0 处连续是 $f(x)$ 在 x_0 处可导的 _____ 条件.

3. 曲线 $y=x^2$ 在点 $(2,4)$ 处的切线方程是 _____.

4. $f'_-(x_0)=f'_+(x_0)=A$ 是 $f'(x_0)=A$ 的 _____ 条件.

二、计算题

1. 设 $f'(2)=3$,求 $\lim\limits_{x\to 0}\dfrac{f(2+x)-f(2-x)}{x}$.

*2. 设 $y=x(x-1)(x-2)$,求 $y'(0)$.

3. 设 $y=x^{\frac{3}{2}}$,求 $y'(0)$.

4. 有曲线 $y=x^2$,确定 b,使直线 $y=2x+b$ 是该曲线的切线.

* 5. $f(x) = \begin{cases} \sqrt{x} & x \geqslant 1 \\ 2x & x < 1 \end{cases}$ 在 $x_0 = 1$ 处可导否？

2.2 求导法则

一、填空题

1. 若 $f(x) = x^2 + 2^x$，则 $f'(2) + [f(2)]' = \underline{\qquad}$.

2. 若 $y = f[g(x)]$ 是由 $y = f(u)$，$u = g(x)$ 复合而成的，则 $\dfrac{\mathrm{d}y}{\mathrm{d}u} = \underline{\qquad}$，$\dfrac{\mathrm{d}y}{\mathrm{d}x} = \underline{\qquad}$.

* 3. 若 $y = \mathrm{e}^{-\frac{x}{3}} \sin 3x$，则 $y'(x) = \underline{\qquad}$.

4. 若 $y = \ln\left(\tan \dfrac{x}{2}\right)$，则 $y'(x) = \underline{\qquad}$.

二、计算题

1. 设 $y = \ln(x + \sqrt{x^2 - 1})$，求 $y'(x)$.

2. 设 $y = \cos(x-1)^2$，求 $y'(x)$.

3. 设 $y = \arctan \dfrac{x+1}{x-1}$，求 $y'(x)$.

4. 设 $y=10^x+4\cos x-x$，求 $y'(x)$.

* 5. 设 $y=f(\cos^2 x)$，$y=f(a)$ 可导，求 $y'(x)$.

* 6. 设 $y=\dfrac{\sqrt{x^2+2x}}{\sqrt[3]{x^3-2}}$，求 $y'(x)$.

7. 设 $y=x\arcsin\dfrac{x}{2}$，求 $y'(x)$.

* 8. 设 $f(x)=\left(1+\dfrac{1}{x}\right)^x$，求 $f'\left(\dfrac{1}{2}\right)$.

2.3　隐函数及参数方程所确定的函数的导数

一、填空题(求下列隐函数的导数)

1. 若 $y=1+x\mathrm{e}^y$，则 $y'(x)=$ _____.

* 2. 若 $xy=\arctan\dfrac{y}{x}$，则 $y'(x)=$ _____.

3. 若 $\dfrac{x^2}{a^2}+\dfrac{y^2}{b^2}=1$，则 $\dfrac{\mathrm{d}y}{\mathrm{d}x}=$ _____.

4. 若 $y=x+\ln y$，则 $\dfrac{\mathrm{d}y}{\mathrm{d}x}=$ _____.

二、计算题

*1. 求曲线 $xy+y^2=1$ 在点 $(0,1)$ 处的切线方程.

2. 设 $\begin{cases} x=at^2 \\ y=bt^2 \end{cases}$，求 $\dfrac{\mathrm{d}y}{\mathrm{d}x}$.

*3. 设 $\begin{cases} x=\dfrac{t}{1+t} \\ y=\dfrac{t}{1+t^2} \end{cases}$，求 $\dfrac{\mathrm{d}y}{\mathrm{d}x}$.

4. 设 $\begin{cases} x=\cos^3 t \\ y=\sin^3 t \end{cases}$，求 $y'(x)$.

5. 设 $\begin{cases} x=2(t-\cos t) \\ y=2(1-\sin t) \end{cases}$，求 $y'(x)$.

2.4　高阶导数与微分

一、填空题

1. 若 $y=\ln(x+\sqrt{x^2-1})$，则 $\dfrac{\mathrm{d}^2 y}{\mathrm{d}x^2}=$ _____.

2. 若 $y = \arctan \dfrac{x+1}{x-1}$, 则 $\dfrac{d^2 y}{dx^2} = $ _____.

*3. $\dfrac{x\,dx}{\sqrt{1+x^2}} = d$ _____.

*4. 若 $y = e^{-x}$, 则 $y^{(n)}(x) = $ _____.

二、计算题

1. 设 $y = (e^x + e^{-x})^2$, 求 dy.

2. 设 $y = \arctan \sqrt{x^2 - 1}$, 求 dy.

3. 设 $y = \ln^2 x$, 求 dy.

4. 设 $y = x\cos x$, 求 dy.

5. 函数 $y(x)$ 由 $y - xy^2 = 1$ 所确定. 求 dy.

*6. 求 $y = \ln(1-x)$ 的 n 阶导数.

习题课

一、填空题

1. 若 $f'(x)$ 存在，则 $\lim\limits_{h \to 0} \dfrac{f(a+mh) - f(a+nh)}{h} = $ _____.

2. 若 $y = x\ln x$，则 $\mathrm{d}y\big|_{x_0=2} = $ _____.

3. 函数 $y = f(x)$ 可微是可导的 _____ 条件.

4. 若 $y = \mathrm{e}^{\sqrt{2x-1}}$，则 $\mathrm{d}y = $ _____.

二、计算题

*1. 设 $y = 3x^3 \arcsin x$，求 $y'(x)$，$y''(x)$.

2. 隐函数 $y(x)$ 由 $y = \tan(x+y)$ 所确定，求 $\dfrac{\mathrm{d}y}{\mathrm{d}x}$.

3. 设 $y = \ln\sqrt{\dfrac{1+\sin x}{1-\sin x}}$，求 $y'(x)$.

*4. 设 $y = x^{1+x}$，求 $\mathrm{d}y$.

5. 设 $\begin{cases} x = (t-1)\mathrm{e}^t \\ y = (t+1)\mathrm{e}^t \end{cases}$，求 $\dfrac{\mathrm{d}y}{\mathrm{d}x}$.

第 3 章

3.1 微分中值定理

一、填空题

1. 下列函数中，在$[-1,1]$内满足罗尔定理条件的是_____.

①$y=e^x$ ②$y=1-x^2$ ③$y=\dfrac{1}{1-x^2}$ ④$y=\ln|x|$

2. 若 $f(x)=x\sqrt{3-x}$ 在$[0,3]$内满足罗尔定理,则 $\xi=$_____.

3. 若 $f(x)=\sqrt{x}$ 在$[0,8]$内满足拉格朗日定理,则 $\xi=$_____.

*4. 设 $f(x)=(x-1)(x-2)(x-3)$,则 $f'(x)=0$ 有_____个实根.

二、计算题

1. 验证 $f(x)=\ln x$ 在$[1,e]$内满足拉格朗日中值定理,并求 ξ.

2. 设 $f(x)=x^2+x+1,x\in[0,1]$,用拉格朗日中值定理求 ξ.

3. 设 $f(x)=x^3,g(x)=x^2+1,x\in[0,1]$,用柯西中值定理求 ξ.

*4. 用导数证明：$\arcsin x+\arccos x=\dfrac{\pi}{2}(|x|\leqslant1)$.

3.2 洛必达法则

一、填空题

1. $\lim\limits_{x\to0}\dfrac{e^x-e^{-x}}{x}=$_____.

2. $\lim\limits_{x\to\infty}\dfrac{x}{e^{x^2}}=$ _____ .

3. $\lim\limits_{x\to1}x^{\frac{1}{x-1}}=$ _____ .

* 4. 未定式 $\lim\limits_{x\to+\infty}x\left(\dfrac{\pi}{2}-\arctan x\right)$ _____ （能，不能）用洛必达法则.

二、计算题

1. 求 $\lim\limits_{x\to0}\dfrac{\arctan x-x}{x}$.

2. 求 $\lim\limits_{x\to0}\dfrac{\sin x-\sin a}{x-1}$.

3. 求 $\lim\limits_{x\to0^+}\dfrac{\ln x}{\ln\sin x}$.

4. 求 $\lim\limits_{x\to\infty}x[e^{\frac{1}{x}}-1]$.

5. 求 $\lim\limits_{x\to0}\left(\dfrac{1}{x}-\dfrac{1}{e^x-1}\right)$.

6. 求 $\lim\limits_{x \to 1}(3-2x)^{\frac{1}{x-1}}$.

*7. 求 $\lim\limits_{x \to 0^+}\left(\dfrac{1}{x}\right)^{\sin x}$.

3.3 函数的单调性

一、填空题

1. $y = x^2 - 2x$ 的单调减少区间是_____.

2. $y = x^3$ 的单调增加区间是_____.

*3. $y = 2x^2 - \ln x$ 的单调减少区间是_____.

4. $y = \dfrac{x}{1+x^2}$ 的单调增加区间是_____.

二、计算题

1. 求 $y = \ln x - x$ 的单调区间.

*2. 求 $y = x^2 e^{-x}$ 的单调区间.

3. 求 $y = 1 - (x-2)^{\frac{3}{2}}$ 的单调区间.

4. 当 $x>1$ 时,证明: $2\sqrt{x}>3-\dfrac{1}{x}$.

*5. 证明:方程 $x^3-3x+1=0$ 仅有一个小于 1 的正根.

3.4 函数的极值与最值

一、填空题

1. 曲线 $y=x\mathrm{e}^{-x}$ 的极大值点是_____.

2. $y=\mathrm{e}^x-x-1$ 的极小值是_____.

3. $y=x^3-6x^2+9x$ 的极大值是_____.

*4. $y=2\sin x+\dfrac{1}{3}\sin 3x$ 在 $x=\dfrac{\pi}{3}$ 处取得极_____值.

二、计算题

1. 求 $y=\ln x-x$ 的极值.

*2. 求 $y=x^2\mathrm{e}^{-x}$ 的极值.

3. 求 $y=x^4-2x^2+5$ 在 $[-2,2]$ 内的最值.

4. 求 $y=x+\sqrt{x}$ 在 $[0,4]$ 内的最值.

*5. 求 $y=\ln(1+x^2)$ 在 $[-1,2]$ 内的最值.

3.5　最值的应用题

计算题

1. 欲做一容积为 8 的圆柱形闭筒,该如何设计可使所用材料最省?

2. 在半径为 R 的半圆内,内接一个一边与直径平行的矩形,求矩形的最大面积.

3. 一产品的需求是 $Q=f(p)=75-p^2$,求价格 p 为多少时,可使收益 R 最大.

习题课

一、填空题

*1. $y=\dfrac{1+x}{x}$ 在 $[1,2]$ 内满足 LTh 的 $\xi=$ _____ .

2. $y=x^2-2x-1$ 在 $(-\infty,+\infty)$ 上的最小值是 _____ .

*3. 曲线 $y=xe^{-x}$ 的拐点是 _____ .

*4. $y=\dfrac{\ln^2 x}{x}$ 的极大值是 _____ .

二、计算题

1. 求 $\lim\limits_{x \to 1}(1-x)\tan\dfrac{\pi x}{2}$.

2. 求 $\lim\limits_{x \to 0}\left[\dfrac{1}{x}-\dfrac{\ln(1+x)}{x^2}\right]$.

* 3. 求 $y=\sqrt[3]{x^2}(1-x)$ 的单调区间和极值.

4. 证明：$1+x\ln(x+\sqrt{1+x^2})>\sqrt{1+x^2}$, $x>0$.

* 5. 某窗的形状上部是半圆形,下部是矩形,周长 15 米,求底 x 为多少时,窗子通过的光线最多?

第 4 章

4.1 不定积分的概念与性质

一、填空题

1. 若 $\displaystyle\int f(x)\mathrm{d}x=3\mathrm{e}^{\frac{x}{3}}+c$,则 $f(x)=$ _____.

2. 若 $f'(x)$ 连续,则 $\displaystyle\int f'(x)\mathrm{d}x=$ _____.

3. $\displaystyle\int \frac{x^2\,\mathrm{d}x}{1+x^2} = $ _____.

4. $\displaystyle\int \cot^2 x\,\mathrm{d}x = $ _____.

二、计算题

1. 求 $\displaystyle\int (2\mathrm{e}^x + 3\cos x - 1)\,\mathrm{d}x$.

2. 求 $\displaystyle\int \frac{x^2 + \sqrt{2}\,x + 3}{\sqrt{x}}\,\mathrm{d}x$.

3. 求 $\displaystyle\int \frac{\mathrm{e}^{2x} - 1}{\mathrm{e}^x + 1}\,\mathrm{d}x$.

4. 求 $\displaystyle\int \sec x(\cot x + \tan x)\,\mathrm{d}x$.

*5. 求 $\displaystyle\int \frac{\mathrm{d}x}{1 + \cos 2x}$.

*6. 求 $\displaystyle\int \frac{\mathrm{d}x}{\sin^2 x\cos^2 x}$.

4.2 第一换元积分法

一、填空题

*1. $\int f'(4x)\,dx = $ _____.

2. $\int x\tan(x^2+1)\,dx = $ _____.

3. $\int \cos^2 x\sin x\,dx = $ _____.

4. $\int \dfrac{dx}{x\ln x} = $ _____.

二、计算题

1. 求 $\int \dfrac{e^x\,dx}{\sqrt{e^x-2}}$.

2. 求 $\int \sin^3 x\,dx$.

3. 求 $\int \sqrt{\dfrac{1+x}{1-x}}\,dx$.

4. 求 $\int \dfrac{dx}{e^x+e^{-x}}$.

* 5. 求 $\displaystyle\int \frac{2x-1}{x^2+2x-3}$.

* 6. 求 $\displaystyle\int \sin^4 x \cos^3 x \mathrm{d}x$.

4.3 第二换元积分法

一、填空题

1. $\displaystyle\int \frac{\mathrm{d}x}{\sqrt{1+x}} = $ _____.

2. $\displaystyle\int \frac{\mathrm{d}x}{1+\sqrt[3]{x}} = $ _____.

3. $\displaystyle\int \frac{\mathrm{d}x}{\sqrt{x}+x} = $ _____.

4. $\displaystyle\int \frac{\mathrm{d}x}{\sqrt{2+x}} = $ _____.

二、计算题

1. 求 $\displaystyle\int \frac{x^2 \mathrm{d}x}{\sqrt{4-x^2}}$.

2. 求 $\displaystyle\int \frac{\sqrt{x^2-1}}{x} \mathrm{d}x$.

3. 求 $\displaystyle\int \frac{\mathrm{d}x}{x\sqrt{1+x^2}}$.

4. 求 $\displaystyle\int \frac{\mathrm{d}x}{\sqrt{x}+\sqrt[3]{x}}$.

* 5. 求 $\displaystyle\int \frac{x^3\,\mathrm{d}x}{\sqrt{1+x^2}}$.

* 6. 求 $\displaystyle\int (x^2-2)^{\frac{5}{2}} x\,\mathrm{d}x$.

4.4 分部积分法

一、填空题

1. 设 e^x 是 $f(x)$ 的一个原函数,则 $\displaystyle\int xf'(x)\,\mathrm{d}x = $ _____.

*2. 设 e^{-x} 是 $f(x)$ 的一个原函数,则 $\displaystyle\int xf(x)\,\mathrm{d}x = $ _____.

3. $\displaystyle\int \arctan x\,\mathrm{d}x = $ _____.

*4. $\displaystyle\int \sin\sqrt{x}\,\mathrm{d}x = $ _____.

二、计算题

1. 求 $\int x\sin x \mathrm{d}x$.

2. 求 $\int x\mathrm{e}^{-x}\mathrm{d}x$.

3. 求 $\int \mathrm{e}^{\sqrt{x}}\mathrm{d}x$.

* 4. 求 $\int \sec^3 x\mathrm{d}x$.

5. 求 $\int x\arctan x\mathrm{d}x$.

* 6. 求 $\int x\tan^2 x\mathrm{d}x$.

* 习题课

一、填空题

1. $\int \sin 2x \, \mathrm{d}x =$ _____.

2. 若 $\int f(x) \, \mathrm{d}x = F(x) + c$，则 $\int \mathrm{e}^{-x} f(\mathrm{e}^{-x}) \, \mathrm{d}x =$ _____.

3. 若 $\int f(x) \, \mathrm{d}x = x^2 \mathrm{e}^{2x} + c$，则 $f(x) =$ _____.

4. 下列积分中，要用分部积分法的是_____.

① $\int x \ln x \, \mathrm{d}x$;　　② $\int x \mathrm{e}^{x^2} \, \mathrm{d}x$;　　③ $\int \dfrac{\mathrm{d}x}{4x^2 + 9}$

二、计算题

1. 求 $\int \mathrm{e}^x \sin \mathrm{e}^x \, \mathrm{d}x$.

2. 求 $\int \dfrac{\mathrm{d}x}{x \sqrt{x+1}}$.

3. 求 $\int \mathrm{e}^{\sqrt{2x+1}} \, \mathrm{d}x$.

4. 求 $\int \mathrm{e}^x \cos x \, \mathrm{d}x$.

5. 求 $\int \dfrac{\mathrm{d}x}{x\sqrt{4-x^2}}$.

6. 若曲线过点$(e,3)$,且其上任意点的切线斜率等于该点横坐标的倒数,求此曲线的方程.

第 5 章

5.1 定积分的概念,性质及 *N-L* 公式

一、填空题

1. 利用定积分性质,比较定积分的大小:
$\displaystyle\int_0^1 \sqrt{1+x}\,\mathrm{d}x$ _____ $\displaystyle\int_0^1 \sqrt{1+x^2}\,\mathrm{d}x$

2. 利用定积分性质估计: _____ $\leqslant \displaystyle\int_1^4 (1+x^2)\,\mathrm{d}x \leqslant$ _____.

3. 若 $f(x)=\begin{cases} x & x\geqslant 0 \\ 1 & x<0 \end{cases}$,则 $\displaystyle\int_{-1}^2 f(x)\,\mathrm{d}x=$ _____.

*4. 若 $y=\displaystyle\int_1^{e^x} \dfrac{\ln t}{t}\,\mathrm{d}t$,则 $\dfrac{\mathrm{d}y}{\mathrm{d}x}=$ _____.

二、计算题

1. 求 $\displaystyle\int_0^{\frac{\pi}{4}} \tan^2 x\,\mathrm{d}x$.

2. 求 $\displaystyle\int_{-3}^3 |x-1|\,\mathrm{d}x$.

3. 求 $\displaystyle\int_{-\frac{\pi}{2}}^{\frac{\pi}{2}}\sqrt{1-\cos^2 x}\,\mathrm{d}x$.

4. 求 $\displaystyle\int_1^{16}\frac{x+1}{\sqrt{x}}\,\mathrm{d}x$.

*5. 求 $\displaystyle\int_0^{\frac{\pi}{6}}\frac{\cos 2x}{\sin x+\cos x}\,\mathrm{d}x$.

*6. 求 $\displaystyle\int_0^1 3^x\mathrm{e}^x\,\mathrm{d}x$.

5.2　定积分的换元法

一、填空题

1. 若 $F'(x)=f(x)$,则 $\displaystyle\int_a^\pi f(x+a)\,\mathrm{d}x=$ _____.

2. $\displaystyle\int_{-1}^1 x^2\sin x\,\mathrm{d}x=$ _____.

3. 若 $\displaystyle\int_{-a}^a(2x+\arcsin x+4)\,\mathrm{d}x=4$,则 $a=$ _____.

4. $\displaystyle\int_0^1\frac{\arctan x}{1+x^2}\,\mathrm{d}x=$ _____.

二、计算题

1. 求 $\displaystyle\int_{-1}^{1} \frac{\mathrm{d}x}{\sqrt{5-4x}}$.

2. 求 $\displaystyle\int_{0}^{1} \frac{\mathrm{d}x}{(1+x^2)^{\frac{3}{2}}}$.

*3. 求 $\displaystyle\int_{1}^{2} \frac{\sqrt{x^2-1}}{x}\mathrm{d}x$.

4. 求 $\displaystyle\int_{0}^{1} x\sqrt{1-x^2}\mathrm{d}x$.

5. 求 $\displaystyle\int_{0}^{\pi} \sqrt{\sin x - \sin^3 x}\,\mathrm{d}x$.

*6. 求 $\displaystyle\int_{0}^{3} \frac{\mathrm{d}x}{1+\sqrt{x+1}}$.

5.3 定积分的分部积分法

计算题

1. 求 $\displaystyle\int_0^1 e^{\sqrt{x}}\,dx$.

2. 求 $\displaystyle\int_1^4 \frac{\ln x}{\sqrt{x}}\,dx$.

3. 求 $\displaystyle\int_0^{\frac{\pi}{2}} x\cos x\,dx$.

4. 求 $\displaystyle\int_0^{\pi} x\sin x\,dx$.

* 习题课

一、填空题

1. $\displaystyle\int_{-2}^{-1} e^{-x^2}\,dx$ 与 $\displaystyle\int_{-2}^{-1} e^{x^2}\,dx$ 比较大的是 _____.

2. $\dfrac{d}{dx}\displaystyle\int_{x^2}^{0} x\cos x^2\,dx =$ _____.

3. $\displaystyle\int_{-1}^{1} \cos x\sin^3 x\,dx =$ _____.

4. $\displaystyle\int_{\frac{\pi}{4}}^{\pi^2} \frac{\cos\sqrt{x}}{\sqrt{x}}\,dx =$ _____.

二、计算题

1. 求 $\int_{-2}^{2} \dfrac{x+|x|}{2+x^2}\mathrm{d}x$.

2. 求 $\int_{-\frac{\pi}{2}}^{\frac{\pi}{2}} \sqrt{\cos x - \cos^3 x}\,\mathrm{d}x$.

3. 求 $\int_{1}^{e} \dfrac{1+\ln x}{x}\mathrm{d}x$.

4. 求 $\int_{1}^{\sqrt{3}} \dfrac{\mathrm{d}x}{x\sqrt{1+x^2}}$.

5. 求 $\int_{0}^{\frac{\sqrt{3}}{2}} \arcsin x\,\mathrm{d}x$.

6. 设 $f(x)=\begin{cases} \dfrac{\displaystyle\int_{0}^{x}(e^t-1)\mathrm{d}t}{x^2} & x>0 \\ A & x\leqslant 0 \end{cases}$ 在 $x=0$ 处连续，求 A.

5.4 定积分的应用一

一、填空题（求下列平面图形的面积）

1. $y=x^2$ 与 $y=x$，$A=$ _____.
2. $y=x^3$ 与 $y=\sqrt{x}$，$A=$ _____.
3. $y=\sqrt{x}$ 与 $y=1$，$y=4$，$x=0$，$A=$ _____.
4. $y=x^2$，$4y=x^2$ 与 $y=1$，$A=$ _____.

二、计算题

1. 求曲线 $xy=3$ 与直线 $x+y=4$ 所围成的平面图形的面积.

2. 求曲线 $y=e^x$，$y=e^{-x}$ 与直线 $x=1$ 所围成的平面图形的面积.

3. 求曲线 $y^2=2x$ 与直线 $y=x-4$ 所围成的平面图形的面积.

4. 求曲线 $y=\sin x\left(0\leqslant x\leqslant\dfrac{\pi}{2}\right)$ 与直线 $x=0$，$y=1$ 所围成的平面图形的面积.

5. 求曲线 $y=\sin x$ 与 $y=\cos x$，且 $x=0$ 及 $x=\leqslant\dfrac{\pi}{2}$，所围成的平面图形的面积.

5.5 定积分的应用二

一、填空题(求下列旋转体的体积)

1. $y=x^3$，$x=1$，$y=0$，$V_x=$ _____．

2. $y=\dfrac{1}{x}$，$x=1$，$x=2$，$y=0$，$V_x=$ _____．

3. $y=x^2$，$y=x$，$V_x=$ _____．

4. $y=x^2$，$y=x$，$V_y=$ _____．

二、计算题

1. 求 $y=x^2$ 与 $x=2$，$y=0$ 所围成的平面图形绕 x 轴旋转生成的立体体积．

2. 求 $y=x^2$ 与 $x=2$，$y=0$ 所围成的平面图形绕 y 轴旋转生成的立体体积．

3. 求 $y=\sin x$ 与 $y=0$，$x=\dfrac{\pi}{2}$ 所围成的平面图形绕 x 轴旋转生成的立体体积．

4. 求 $y=e^x$，$y=e^{-x}$ 及 $x=1$ 所围成的平面图形绕 x 轴旋转生成的立体体积．

5. 求 $xy=1$ 与 $y=1$，$x=3$ 所围成的平面图形绕 x 轴旋转生成的立体体积．

第 6 章

6.1　微分方程的概念，可分离变量的微分方程

一、填空题

1. $xy(y'')^3 + x(y')^2 - y^4y' = 0$ 的阶数是_____.

2. $x(y')^2 - yy' + \dfrac{1}{2} = 0$ 满足 $y(0) = \dfrac{1}{2}$ 的特解是_____.

    A. $y = \dfrac{1}{2} + 2x$ B. $y = 1 + 2x$

    C. $y = \dfrac{x}{2}$ D. $y = \dfrac{1}{2} + x$

3. 下列属于可分离变量的方程是_____.

    A. $x\sin(xy) = y\dfrac{\mathrm{d}y}{\mathrm{d}x}$ B. $y' = \ln(x + y)$

    C. $\dfrac{\mathrm{d}y}{\mathrm{d}x} = x\sin y$ D. $y' + \dfrac{y}{x} = e^x y^2$

4. $\dfrac{\mathrm{d}y}{\mathrm{d}x} = \dfrac{x}{y}$ 的通解是_____.

二、计算题

1. 求 $(e^{x+y} + e^x)\mathrm{d}x + (e^{x+y} - e^y)\mathrm{d}y = 0$ 的通解.

2. 求 $x(1+x)\mathrm{d}x - y(1+y)\mathrm{d}y = 0$ 且 $y(0) = 1$ 的特解.

3. 求 $xy\dfrac{\mathrm{d}y}{\mathrm{d}x} = 1 - x^2$ 的通解.

4. 求 $\dfrac{\mathrm{d}y}{\mathrm{d}x} = \dfrac{y^2+1}{y(x^2-1)}$ 且 $y(0)=0$ 的特解.

5. 求 $x^2 y\mathrm{d}x = (1-y^2+x^2-x^2 y^2)\mathrm{d}y$ 的通解.

6.2　齐次方程，一阶线性方程

求下列微分方程的通解(或特解)

1. $\dfrac{\mathrm{d}y}{\mathrm{d}x} = \dfrac{y}{x} + \mathrm{tg}\,\dfrac{y}{x}$.

2. $xy' - y = \sqrt{x^2+y^2}$ 且 $y(1)=0$.

3. $x\dfrac{\mathrm{d}y}{\mathrm{d}x} = y + x^2\sin x$.

4. $x^2 y' + xy = 1$.

5. $\dfrac{\mathrm{d}y}{\mathrm{d}x}+y\cos x=(\ln x)\mathrm{e}^{-\sin x}$.

6. $xy'+y=\mathrm{e}^x$ 且 $y(1)=\mathrm{e}$.

7. $x^3\,\mathrm{d}y+(2x^2y-1)\,\mathrm{d}x=0$.

8. $\dfrac{\mathrm{d}y}{\mathrm{d}x}=\dfrac{1}{x+y}$.

参 考 文 献

[1] 同济大学应用数学系. 微积分(上册)[M]. 北京：高等教育出版社,1999.

[2] 赵树嫄. 微积分[M]. 北京：中国人民大学出版社,2002.